不问忧伤，不负时光

NAN YAO
works.\.\

Ask
not
negative
sad
time

南 瑶——著

南京出版传媒集团
南京出版社

图书在版编目（CIP）数据

不问忧伤，不负时光／南瑶著．—南京：南京出版社，2016.8

ISBN 978-7-5533-1436-5

Ⅰ．①不… Ⅱ．①南… Ⅲ．①人生哲学－通俗读物 Ⅳ．①B821-49

中国版本图书馆CIP数据核字（2016）第169332号

书　　名：不问忧伤，不负时光
作　　者：南瑶
出版发行：南京出版传媒集团 南京出版社
社　　址：南京市太平门街53号　**邮　　编**：210016
网　　址：http://www.njcbs.cn　**电子信箱**：njcbs1988@163.com
淘宝网店：http://njpress.taobao.com　**天猫网店**：http://njcbcmjtts.tmall.com
联系电话：025-83283893、83283864（营销）025-83112257（编务）

出 版 人：朱同芳
出 品 人：卢海鸣
责任编辑：许小彦
责任印制：杨福彬

印　　刷：三河市兴国印务有限公司
开　　本：880毫米×1280毫米　1/32
印　　张：7.5
字　　数：160千字
版　　次：2016年8月第1版
印　　次：2017年5月第4次印刷
书　　号：ISBN 978-7-5533-1436-5
定　　价：29.80元

营销分类：励志

前言

不问忧伤，不负时光

Foreword

苏东坡写了：“八风吹不动，端坐紫金莲”。他把此诗寄到好友佛印禅师那里，本想炫耀修行功夫与文学造诣，却只得到两个字“放屁”。于是，他一腔怒火过江理论，禅师笑嘻嘻问道，既然八风吹不动，何至于见“放屁”二字，就这么急赤白脸跑了过来。

其实人的情感，来源于自己心绪的波动。快乐忧伤，时光流逝，何尝不是人心的流转。在相处当中，每个人都是在以自己为中心，发散出去考虑问题。本能使然，纵使号称爱的没有自己，那你的忧伤何来。忧伤就是“我觉得委屈”“我觉得不公”“我觉得你不好”，重心还是自己，如果真没有自己，忧伤哪还有产生的基础。

不过不要紧，道理是需要慢慢来懂的，古人就说过不入情怎破情。在各种情绪里走一遍，酸甜苦辣，爱别离，怨憎会，慢慢的人就成熟了，就会说天凉好个秋。但是入情之时，为情所困，情绪有毒啊！没有免疫力，很有可能一世为其所困，不得出离。所以道理要先懂，至于实践中的哭哭笑笑，希望大家在万分痛苦的时候能想起你所知道的道理，我在自己骗自己。

幸福是什么，春有百花秋有月，夏有凉风冬有雪。若无闲事挂心头，便是人生好时节。有一出喜剧中，大师说过幸福与财富无关，与内心相连。经过了，才能真正明白，如果你的眼前有一条河，河里漂过无数的花瓣，有你喜欢的也有不喜欢的。你是坐在岸边，看那琳琅满目，还是一跃而入，为那一瓣悦目小花，打湿满身的衣裳。当然你可以认为，打湿满身的衣裳是那义无反顾的潇洒，可我认为坐在岸边，看那琳琅满目，又是一份出世的自由。人生就是接受的过程，不管你是否能承受，好事坏事还是接踵而来。其实好事坏事的分辨，就在我们自己心里，自然就是有花有月，有风有雪，心中无事，便是幸福。

说个高大上的，如果有兴趣看看薛定谔的猫，人生就是由无数的概率组成，如果你不去刻意的观察那它就也许不会存在。如露亦如电，应作如是观。

目录 Contents

不问忧伤，不负时光

Part 01 不着急，有些道理要慢慢懂 / 1

Part 02 失去的潇洒忘掉，剩下的才最重要 / 37

Part 03 放低忧伤，才有好时光 / 81

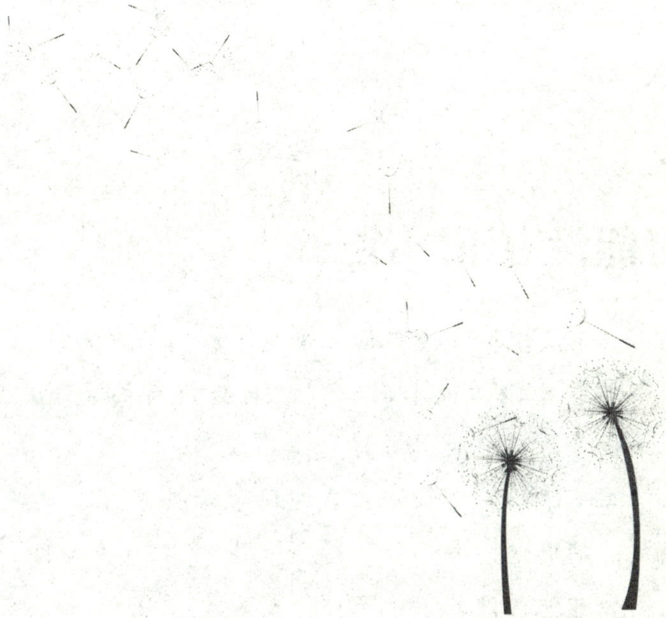

Part 01

不着急，有些道理要慢慢懂

长大需要经历，经历则需要时间，所以长大是一个漫长的过程。

在这个过程里你有时会感到无力，

觉得面对许多事都想不到一个合适的解决方法，

甚至连维系一段感情都觉得吃力。

你会责备自己，为什么增长的只有年纪，没有智慧。

其实，亲爱的，你太着急了，

这世上有那么多道理，是要慢慢去理解才可以。

可能没有下一次

“下次吧！”这句话似乎成了我们的口头禅。

我喜欢你，说不出口，总是告诉自己，下次吧；我想做一次努力，这次不够好，心里默念，下次吧；我想读一本书，今天很忙，下次吧；我想陪父母去旅行，但假期有同伴相约，下次吧……

但可能，没有下次了！

以后遇到你，我应该会带你去毛豆的店里吃饭。

毛豆是毛豆的本名，他说他比预产期来得早了些，妈妈感到阵痛之前正在和爸爸悠闲地嗑毛豆。妈妈突然喊痛，爸爸惊慌失措，什么都没准备，拎起桌上的一袋毛豆，拖着妈妈去了医院。

“为什么拎着毛豆？”毛豆问过他的爸爸。毛豆爸爸说，当时他根本不知道该准备什么，就想着毛豆妈妈爱吃毛豆，她生产完应该很饿，或许很想吃。毛豆爸爸逗乐了医院的护士医生，也差点把毛豆妈妈肚子笑痛。“既然孩子跟毛豆有缘，又姓毛，就叫毛豆好了。”毛豆爸爸和毛豆妈妈就这么草率地给孩子取了名字。

毛豆说他因为这个名字没有少被取笑，几次三番要求爸妈给他改名，爸妈说：“贱名，好养活”。长大后的毛豆，在经历了读书、留学、工作后，反而不再纠结自己的名字，因为这个名字太有特点，他很容易被人记住。于是，他开始感谢这个名字。

从国外回来后，毛豆打算开一家西餐厅，把他在国外吃到的好东西都搬过来。选择店址的时候，他几乎走遍了整个城市，精心挑选出七八个不错的店面，然后又从中选出两家最为理想的交给了市场调查公司进行数据比对，最终确定了一家。

接着是装修，毛豆熬了几天几夜，自己画出不专业却最想达成的梦想蓝图，跟装修公司接洽了无数次。店面装修好，他把相处不错的同学朋友都叫了去，带着大家看遍了店面的每一个角落，包括卫生间。然后他让大家坐下，郑重其事地征求大家的意见，“哪里让你感到不舒服”“哪里让你觉得不方便”，每个人都必须发言，不能敷衍。那时的毛豆，认真得像个老干部。

我们说：“都挺好的，别挑刺了。”

毛豆很正经地说：“不行，客人一旦感到不舒服，可能就不会再次光临了。”

装修搞定了，我们让他快点开业，这样能早点赚钱。他说不行，还要找人来试菜，试遍店里能做的菜，大概需要一个星期的时间。就这样，他执着地请市场调查公司的人付费请来食客试菜，并且记下了所有食客的意见和建议。

在这期间我们建议他先开业，到时候不用找付费的食客，跟来就餐的客人要意见就好。毛豆说：“这不是把客人当小白鼠吗？还是自费的小白鼠。我不能拿客人做试验。你们知道吗？我在国外时，觉得老外特好敷衍，随便应付一下，他们也不会说什么。可是，绝对不要指望还有下次见面的机会。我开餐厅，这是第一家，也是抱着是最后一家的态度，开不好，就不会再有下次开店的机会。”

毛豆的店就这样一直开着，一个月、一个季度、一年，如今已经快四年了。时至今日我见到他，每次问他要不要趁着生意好开分店，他都说：“这是最后一家，只有这样，才能督促自己珍惜机会，认真对待每一位客人。”

可能没有下一次，所以要珍惜这一次，努力做好这一次。毛豆爸妈应该会觉得，毛豆这个名字，一点都不贱，它是一种非常可贵的品格。

日本茶道里有一则禅语叫“一期一会”。在江户幕府的末世，将军、藩主井伊直弼在他的茶道感悟中解释说：“茶会是一期一会的缘分。即便之前主客有多次相会的缘分，也难保这次不会是最后一次。所以主人招待客人，要竭尽全力，客人也要感念主人的这份心意。”一期，是这看似漫长实则短暂，看似恒久实则无常的一生；一会，是一次相见的缘分，是一次擦肩的缘分，是一次微笑的缘分。这一生中，可能只有这一次缘分，所以要更加珍惜。

可能没有下一次，我经常这样告诫自己，于是不管遇到什么人，碰到什么难关，在做什么工作，哪怕是每天一睁眼看到的温柔阳光。每一次呼吸，我都会好好珍惜。我正努力把这种状态变成习惯，这样，当我遇到你的时候，我便知道，你，以及时光，都不能辜负。

美好与不堪，是对双生花

想种一朵漂亮的玫瑰，又不想养它的刺，最后只能是连玫瑰也不要养，看着别人芬芳好了。你看这就是生活，它有你爱的一面，就必然有你恨的一面，爱恨就像镜子的正反面，不能分割。只有承认和面对，才能内心坦然。

朋友在热恋两年后结婚，水到渠成，再自然不过。结婚3年，孩子2岁，从前的你侬我侬少了，对丈夫的怨言多了。全天下的婚姻模式似乎出自同一个编剧之手，一直是相爱相杀，既有化不开的浓浓爱意，又有停不下的抱怨连天。朋友说丈夫越来越不爱交流，经常以加班之名跑去跟狐朋狗友喝到酩酊大醉，回到家后就胡言乱语；要么是出去钓鱼，一去就是两三天，孩子都快不认识爸爸了；油瓶倒了都不扶，说他两句，他就嫌唠叨……可过不了两天，朋友又开始晒幸福，朋友圈里满屏的“老公我爱你”“老公谢谢你”。

就这样抱怨和示爱交替着，直到有一天，朋友气急败坏地跟我说：“日子没法过了，好几天见不到人，孩子不管，我妈病了，我带着孩子，带着我妈去医院。这男人，什么都指望不上。你别结婚了，单身着挺好。”

我说：“既然享婚姻之美好，就要接受婚姻之不堪。如果不想要这些烦恼，恐怕是连快乐都要舍弃了才行。美好与不堪，烦恼与快乐，本来就是双生花，如影随形。”

又是一个好酷的道理，听起来很有道理，然而等真的遇到了，恐怕也一样一筹莫展。所以我想和你分享一个佛教寓言，以后在面对不堪时，能让我们翻出来平静心情。

在很久以前，有一个行人走在无边旷野，忽然遭到野象追赶，惊恐之下，慌不择路，掉入一口枯井。幸运的是，井旁有一棵粗壮的大树，树枝横生，蜿蜒漫长，有些伸进了枯井。行人坠落在强壮的树枝上，他紧紧抓着不敢放手，心中稍安，想着只要等到野象离开，再顺着枝蔓爬出去就可以躲过一劫。然而他没想到，野象在井口用鼻子挽住树枝不停摇晃，又不知从哪里跑出两只老鼠在啃咬树枝，枯井内还盘着四条毒蛇，井底还有一条毒龙。

危机四伏，性命堪忧，行人恐惧、焦虑，一分一秒都是煎熬。可就在这时，忽然有几滴蜂蜜落下，正好落在行人嘴里。原来野象不断摇晃树枝，晃动了树枝上的蜂巢，蜂蜜不断落下。在漆黑痛苦之时，忽然尝到甜蜜，对行人来说是莫大的安慰。在贪婪享受甜蜜之时，他暂时忘记了痛苦的存在。

甜蜜并没有持续很久，蜜蜂也被晃了出来，纷纷飞到行人身边，对他疯狂叮蜇。此时旷野中又烧起了无名大火，火势迅速扩大，烧着了井边的枯树。

寓言到此为止，佛跟他的弟子说："行人是凡夫，大象是无常，枯井是生死岸，树枝是性命，两只老鼠是白天和黑夜，毒蛇是地水火风这四大构成物质的元素，蜂蜜是欲望，蜇咬的蜜蜂是邪思，大火是老和病，毒龙是死亡。"

佛希望人人都能看懂这一生多是痛苦相伴，甜蜜不过是无数痛苦中的短暂存在，应该早早解脱为好。所以人生中的美好与不堪，一定是相伴相生的，如果不想经历痛苦，就不要去渴求那一点蜂蜜的香甜。但人愚痴，总是看得到香甜，意识不到危险，所以必然要经历无常、生死、老病、时间、欲望、邪思和死亡的痛苦。

于是学着接受与美好无法分割的不堪，就成了我的必修课，成了一场实实在在的修行。

不过人生的有趣之处在于：美好与不堪，在很多时候是可以相互转化的。还是那位朋友，还是她与她的丈夫。她的丈夫拥有一个天然的无所谓的性格，在某些时刻体现出的是自我，但当面临糟糕的事情，朋友在暴跳如雷、丧失理智的时候，丈夫却能平静地分析利弊，做出更为准确的判断和正确的决定，往往把不堪变成了美好。同一种性格，在不同环境下成就的优劣不同，这就是婚姻一直爱恨交织的原因。

这个理论太熟悉了，大概从中学的政治教科书上第一次出现哲学概念时，就已经印在了我们脑海。我至今记得那位喜欢把西装裤提得很高，把摩托罗拉的手机别在裤腰上的政治老师，双眼从茶色的镜片后透出睿智，讲述一个关于塞翁失马的故事。

他说《淮南子 · 人间训》里有个边塞老翁，自家养的马跑到了塞外胡人的地盘，邻里亲戚都来劝慰他，他却说：“你们怎么知道就是坏事？”结果没几天，那匹马自己跑了回来，还带回了一位“爱人”——一匹俊俏的胡马。胡马从来彪悍，千金难得。邻里亲戚来道贺，他又说：“你们怎么知道就是好事？”没过多久，他儿子骑胡马打猎，被马甩下背来，摔断了腿。人们来看望，说别难过，塞翁回答：“未必不是件好事。”后来胡人入侵，朝廷广征壮丁，塞翁村里的青壮年都被送到战场，九死一生，只有他的儿子因为腿断了躲过一劫。

老师说：“事物都有两面性，且可以相互影响、相互转化，所以未来你们面对成功和失败、快乐和悲伤时，不要沉溺，也不要被其左右，要跳脱当下，以旁观者的身份看待，那时要清醒许多，不至于在成功时得意忘形，在失败时一蹶不振。”

然后他在身后的黑板上写下两句话：“人有祸，则心畏恐；人有福，则骄心生。”

坏的事情总会让我们心生恐惧，然而只有恐惧才能提醒我们要小心端正地做人；好的事情容易让我们飘飘然，从而失去理智，做出许多祸事。

我想，把这些统统用在婚姻与生活中，也是适合的。

宁动千江水，勿扰道人心

每个人都有难消的执念，你都不曾放下，又何必去苛求别人放下？你珍视自己对梦想、爱情的执着，别人也有同样珍视的东西，在这个令人焦虑的世界里，尊重彼此的珍视，才是最容易获得快乐的捷径。

一座寺庙，一所禅堂，禅门紧闭，40位法师正在里面闭关修炼。护持40位法师的是一位德高望重的老禅师，他每天陪伴他们坐禅入定，思虑佛法，闯过层层心魔关卡。今天终于来到最后一关——生与死，是否能斩断情欲，看破生死，就看这一关。

就在这时，寂静之中响起一个清丽的女声，在门外跟看守寺庙的沙弥吵闹。老禅师刚站起身，准备一看究竟，禅门却被推开，迈步进来一位妙龄少女，玉肌丰满，妩媚迷人。

“施主何事？”老禅师问道。

少女轻启朱唇，露出珍珠大小般的可爱牙齿，笑着说：“听说法师在此闭关修行，我特来供养每位法师一双僧鞋。”

老禅师说："既是供养，在门外放下离开即可，为何要硬闯进来。"

"我发愿要亲手为每位法师穿上。"少女笑得那样勾魂摄魄。

此时，40 位法师早已纷纷睁开双眼，痴痴望着这位近在咫尺的美人，不禁心念妄动，情欲难逃。

老禅师冷冷地说："既然如此，那就请你自便吧。"

少女拿着僧鞋，摇曳地走到法师们面前，逐一为他们穿上僧鞋。法师们不断胡思乱想，有些意乱情迷，难以自持。

穿好了僧鞋，少女转身出门，却发现禅门被老禅师从外紧锁。少女惊呼："为何锁门？"

老禅师说："还打算出去吗？"

"当然，僧鞋已为各位法师穿好，也该回家了。"

老禅师道："宁动千江水，勿扰道人心。你今天搅扰了我禅堂里 40 位法师的道心，你就想这样离开吗？"

少女惊慌问道："法师们意志不坚，见色动心，跟我有何关系？"

老禅师说道："要想出来也可以，留下你的命即可。"

少女大惊失色，"为什么要我的命？"

老禅师说："你今天种了这个恶因，将来要受恶果，你未来轮回四十世都是女儿身，要分别嫁给这 40 位为你动心的法师。他们也不能修得正果，要在六道中轮回，不管他们落入天道、阿修罗道、人道、畜生道、饿鬼道、地狱道中的哪一道，你都要嫁给他们。如果不想过这样的轮回，今天就死在这里，了却恶因，便可不必再受恶果之苦。"

少女想了想问："只有死了才不堕入这样的轮回吗？"

法师说:“是的。”

四十世，为人还好，如果是畜生、饿鬼、阿修罗、地狱众生，那简直比死还难过，还要嫁给他们，更加煎熬。少女心一横，说道:“也罢，我宁愿死，也不想受这样的苦。”于是少女在 40 位法师面前，吊死在禅堂门口。

大概你会觉得，这禅师太凶残，逼死一条人命。不要着急，这并不是结局，结局稍后讲给你听。或许因为你太气愤，忽视了禅师说的那句话:“宁动千江水，勿扰道人心。”

僧有道，众生都有自己的道，你可以简单理解为信念。不要撼动、打搅他人的信念，这是修行的一个准则。我从前犯过这样的错误，嘲笑并抨击过别人的信念。

那是个刚毕业的孩子，想通过写作成名，我说这个行业特别寂寞，如果你抱着一定要成名的态度，恐怕会很煎熬，你是挺不过一年的。那孩子很坚决，一定要把写好的东西发给我看。文字稚嫩，形容词一堆，我说这样的水平，根本没人会看。我们为此争执不下，那是我从事文字工作的第 3 年，我也并不成熟。

后来我们不联系了，有一年偶然听说那孩子开了专栏，专门写一些青春感悟，也把我在文章里好好讥讽了一番，说我是个刻薄的前辈。别人对我有了怨恨，我才发现自己原来真的犯了错误，真正的错不在刻薄，而是轻易就想以自己的经验去扼杀别人的信念。当年老友也曾说我是个空想家，然而我却坚持到现在。我是个对信念如此较真的人，又怎能去撼动别人的信念。

现在说回这个故事的结局。

少女吊死后，禅师让人不要去动她的尸体，由着她慢慢腐烂。

第一天，法师们为少女感到惋惜，痛苦于失去这么美好的生命。

第二天，法师们看着少女的身躯依旧会想，那是美丽的事物。

第三天，尸体开始发臭，法师们有些难以忍受。

第四天，尸体腐烂，流出令人作呕的液体。

禅师不闻不动，依旧在那里禅坐，守护着40位法师。

时间一天天过去，尸体越来越丑陋。原本婀娜的身躯变成了一堆腐肉。有一天，衣衫跟随腐烂的肉脱落，法师们看到的再不是粉白的肌肤，而是露出白骨和蛆虫的烂肉。法师们再也坐不住，纷纷呕吐起来。

老禅师睁开眼睛问道："你们想出去吗？"

"想。"

"那来回答我的问题，谁答得出，谁就可以出去。"老禅师指着女尸问道："她是谁？"

40位法师一时间不知如何作答。

老禅师继续问："她是让你们想入非非的少女吗？"

"不是！"

"你们还会为她心动吗？"

"不会！"

"还会有让你们心动的女人吗？"

"没有。"40个斩钉截铁的声音，掷地有声。

老禅师说："好，你们可以出关了。把她抬出去吧。"

法师们缓缓放下尸体，用布将她蒙住，小心翼翼抬出禅堂，对其念诵佛经。

老禅师说："看看她是谁？"

法师们掀起布，看到的并不是女尸，而是一尊菩萨圣像。

每个人都有非走不可的弯路

每个人只有走过那些弯路，才能变成过来人。薛定谔盒子里的猫是死还是活，要自己亲手打开盒子才知道。如果不是亲自走一走，看一看，又怎么知道哪条是弯路，哪条是捷径。不论你今年是20岁还是40岁，都有自己非走不可的弯路。不必害怕，路上有很多同伴。

9月的秋风，最是舒适，不热烈、不冷酷，拂过面颊时温柔小心，带走了细细的汗珠，却不带走身上的温度，凉爽却又温暖。这样的夜晚，很多人愿意在外面多逗留一会儿。二先生走在我的左侧，这位朋友最是绅士，总是要走在马路的外沿，他说我走路太自我，闷头往前，不管不顾，身体又太迟钝，有车过来也来不及躲开，还是他走外侧比较放心。

“二先生”是我为他取的绰号，因为他总有许多犯二的想法，常常二出新高度。他曾在漫天雾霾的时候，站在办公室的玻璃窗前喊“老天爷，这么大的雾霾，被人强暴了都不知道是谁干的”；他在过马路时一定要跟红绿灯读秒，“20、19、18，快点快点，倒计时了”；他讲笑话时，还没讲完，自己已经笑得要背过气去；大学实习时，因为太喜欢跟大妈们聊天，被实习督导扔到了一个单独的小房子里干活……二先生这样的二事有很多，但他不承认。

二先生许久没来看我，他说最近回了一趟老家，“家乡人民很热情，拉着我问长问短，‘你工作怎么样啊？’‘一个月赚多少钱？’‘结婚了吗？’句句问在我罩门上，我不知道怎么回答，只能飞给他们一个愉快的白眼。”

二先生不是找不到女友，而是他的心上人这辈子都不可能跟他在一起。盼也盼不到的绝望，让他非常灰心，可又万分不舍，于是总在挣扎，总也逃不脱。他说想找个人假结婚，婚后过各自的生活，互不影响，只需要在过年过节时一起出现在亲朋好友面前就可以。我说婚姻哪里能作假，拿着户口本去民政局领了结婚证，就是法律上货真价实的合法夫妻，根本假不了。

他叹口气，沉默了许久，忽然哼唱着：“将这样的感触，写一封情书，送给我自己。感动得要哭，很久没哭，不失为天大的幸福。”有那么一刻，我竟觉得他非常可怜，如果不是走投无路，怎么会想到这样的办法。这个社会很宽容，一个人坐过监牢，出来后会有政府帮助他适应社会，人人都以一颗怜悯之心去接受他的改过自新；这个社会也很苛刻，不愿给一个身负爱情伤害的人慢慢活过来的机会，总是在他们愈合伤口的时候不断提醒他们，你年纪大了不结婚，就是个怪物。

“我们结婚吧！”二先生说。

我停下脚步，看着他，他没有转头，脸在灯光下分成了一半阴影一半光亮。其实只要他肯转头，那一半阴影也可以明亮起来，但他就站在那里，头也不回。我想起第一次见到二先生，在一辆公交车上，我们同是新生，彼此的名字还没有记熟，他绅士地从座位上站起来，让我坐在那里。他站在我的左侧，挡住了拥挤的人潮。那时从车窗看到他的影子，那样明快。如果不是曾认识过那样明快的他，现在也不会替他难过。

然而再为他难过，也不能帮这样的忙。“不可能。你对爱情绝望了，可我还抱有希望。”我说。

“真的痛苦，不要经历最好。你和我在一起，我会像家人一样照顾你。”

“我有家人，我要爱情。”

“爱情最后也是会变成亲情，你的想法太理想化。你一定要为爱结婚，可这偏偏是个世俗的世界。看房子、看票子、看颜值，唯独不看爱情。我走过这条路，不想你再走弯路。”他那样苦口婆心，让我不自觉想起我的妈妈。我小时候常听她这样说：“不要走那条路，走不通，我想让你少走些弯路。”

可是，每个人都有非走不可的弯路。不亲自走一走，又怎么心甘情愿接受；不去撞得头破血流，又怎么成为“过来人”。

我跟二先生说：“你心死了，所以活着的光照不到你身上。但你不能因此而破灭我的光。”

又是一阵可怕的沉默，二先生笑着说：“开个玩笑，搞这么严肃干什么！”

这世上的路，九曲十八弯，你只看到了转弯处暗藏杀机，却看不到转弯处也藏着惊喜。人生是一场要玩几十年的RPG游戏，迷宫里有宝藏还是妖怪，要真的走过去才知道。

迷信经验的小男人

在一定程度上，抛弃经验比积累经验更艰难，也更重要。但这并不意味要对经验粗暴地说“不”，而是相信经验，却要学会运用和判断——不迷信、不盲从，才能把经验变成我们势如破竹的利器。

小男人窝在沙发里，昏黄的灯光正好在那里形成一个阴影，他就像躲进了一个洞里。我往他的茶杯里续了点水，问他打算什么时候开口说话。

小男人比我小 7 岁，关系上七拉八扯，算个弟弟。我认识他时，他还是个高中生，在我每个月计算工资存多少、花多少时，他说的是篮球比赛、漫画、魔兽世界；我每天在人际关系中摸爬滚打时，他说的是哪个同学抢了谁的女朋友。我嫌弃他小，不愿多交流。他却说年纪小，也是个男人。久而久之，我就叫他小男人。

小男人大学毕业了，找到了人生中第一份工作，朋友圈里不再诅咒老师，不再祈求考试通过，不再因为表白失败而写一些莫名其妙的感慨，不再写“在国服几号，请求组队”，而是开始转发一些“怎样让员工更有热情”“企业文化与企业发展”“你不知道的行业秘密”之类的文章。他开始变得小心翼翼，很少像以前一样在朋友圈里发牢骚，他说：“朋友圈里很多同事，还有领导，不能信口开河了。好不自由。”我说你开始学习成长了。

成长总是痛苦的，小男人这天就很痛苦。他已经在我对面坐了 20 多分钟，一声不吭，身子尽量躲在阴影里，我甚至看不清，他是不是睡着了。这种气氛倒是不尴尬，却诡异得很，明明是有呼吸的活人，偏偏安静得如同死去。

“你打算什么时候开口说话？”

他懒懒地坐直，脱离了那块阴影，面孔终于亮了起来。“我犯了个错误。可能因此会被辞退。”

“什么错误这么严重？”

“我搞砸了这次活动。”

他这样的策划助理，多半是为活动策划跑腿打杂。策划交代他打印海报，他却忘记要打印几张。“我想要打电话去问策划，可我们策划是个暴脾气，骂我一通是肯定的，说不定还会扣掉我的奖金。想着以往做海报都不会超过 20 张，所以就打印了 20 张，应该只多不少。谁知道原先定的是 25 张。”

看着他这样懊恼，应该已经意识到这次错误在哪，所以宽慰他变得比指责他更为重要。最终，他并没有因此被辞退，但他出于愧疚而主动提出了辞职。严厉的策划告诉他，人人都会犯错，最重要的不是认识到错误，而是要承担起弥补它的责任。像他这样一走了之，是最没有担当的做法。

小男人此后十分佩服这位策划，时常说要成为策划那样的人，将来也要对犯错的人宽容以待，教诲他们懂得承担。

然而小男人并没有完全学会。他在此后的工作里一直告诫自己要记清楚每一个细节，并学着承担责任，这是好的改变，却漏掉了自己在经验主义上犯的错误。“以往做海报不会超过20张”，这是他的经验。如果他当时有一丝对经验的怀疑，就必然会询问策划，哪怕面临责骂，也不至于影响到活动进程。

人活着，是个不断累积经验的过程。我们应该相信经验，却不能对经验盲从。但我明白，人总会不自觉依靠经验，并由经验来指导人生，就连亚西比德这样的思想家也犯过同样的错误。

那是2400多年前的一个下午，亚西比德和他的同窗柏拉图，以及安提西尼和亚里斯卜提，在雅典中心广场等待老师苏格拉底的到来。跟苏格拉底不同，他们热心于政治，特别是亚西比德，他对政府制度、雅典民主情况非常着迷。

他和同窗们正在热烈地讨论着政局，苏格拉底穿着皱巴巴的短袍，悠闲自在地出现在他们面前。学生们对老师行过大礼之后，苏格拉底并没有像往常一样开始分析雅典政局和哲学命题，而是从怀里掏出一颗鲜红的苹果。他说：“这是刚刚从果园里摘下的，你们闻闻它是什么味道？”

亚西比德第一个靠近苹果，似乎是有一股果香，但他并不确定。他想，苹果的味道大同小异，于是对老师说：“是苹果的香味。”接下来的安提西尼、亚里斯卜提都这么说。苏格拉底问柏拉图：“你呢，你闻到了什么味道？”亚西比德目不转睛地看着柏拉图，在他的心目中，这位同窗能言善辩，比自己优秀，是最有可能继承老师衣钵的人。

柏拉图仔细闻了闻，皱着眉头说：“真是奇怪，我没有闻到任何味道。”

亚西比德差点叫出声来，怎么可能没有味道！？苹果都有味道！柏拉图的鼻子失灵了吗？或许是生病了。

苏格拉底慢悠悠地转身，面对所有学生，指着柏拉图说：“他说对了。”

亚西比德简直不敢相信自己的耳朵。苏格拉底把苹果递给他，让他仔细看看。亚西比德这才发现，这不过是一只用蜡做的苹果，他又凑近闻了闻，除了蜡味，哪有果香。他忽然意识到，老师是在考验他们对经验、对权威的迷信程度。除了柏拉图，他和其他同窗都错了。

苏格拉底问：“你们为什么不怀疑这是一个假苹果呢？我说是苹果，就一定是真的吗？”

亚西比德无言以对，他明白自己和其他同窗一样，对老师的思想过于依赖。

苏格拉底继续说：“不要用成见下结论，更不能随波逐流，要相信自己的感知。”

亚西比德都会犯错，所以我们常被经验左右也并不奇怪。只是亚西比德从这件事后学会了在独立事件中独立思考，而不是单纯套用经验。经验的确是良师，就像苏格拉底一样，但我必须抛弃对老师的依赖，才能促进自己的成长。

没用的有用

如果你是一棵长歪的树，被木匠视为没用的废物，那就旺盛生长，长出繁茂的枝叶，去为旅人遮蔽热辣的阳光，让旅人倚靠，谁说这不是一种有用。如果有人定义你为没用，只能说明你暂时没有用武之地而已。

惠施跟庄子说："魏王送了我一颗大葫芦的种子，我精心栽培它，结出了一个有五石容量的大葫芦。我用它来装水，它不够坚固。把他剖开做成瓢，又没有大水缸能放得下它。这葫芦真的是大，但对我却无用，我只好打碎它。"

庄子说："先生真是不擅长使用大东西。"接着他讲了一个故事：

宋国有个人擅长做不让手龟裂的药膏。有个人听说这件事，就出一百金买他的药方。他跟家里人说："我们靠漂洗丝絲为生，最多不过赚数金，现在一张药方能卖一百金，就卖给他吧。"这个人买了他的药方后，就去向吴王推荐这种药膏。

当时时值寒冬，吴越正在打仗，很多士兵的双手龟裂，又疼又痒，难以掌握兵器，影响战斗。有了这种药膏，吴国士兵双手很快痊愈，最终一举得胜。吴王大喜，赏赐这个人一块封地。

庄子说："同样一张药方，有人获得封地，有人还继续漂洗丝絛，就是因为用在了不同的地方。你有五石的葫芦，为什么不将它绑在腰上当船，浮游于江河湖泊，却忧虑没有水缸能放得下它呢？"

有用还是无用，并不是绝对的。这样的争辩，庄子和老友惠施有过无数次。

有一次惠施告诉庄子，他种了一棵臭椿，长得非常粗壮，木匠的工具都没办法丈量它。但它横生许多弯弯曲曲的枝节，不符合可用之树的标准，所以没有木匠愿意砍伐、善用它。惠施认为这就是无用。

庄子却说，这样一棵大树，长在无边旷野之中，枝繁叶茂，供来往行人在树荫下避暑、歇凉，怎么会没有用处。而且正因为它"无用"，才不会招致伤害。无用就是大用。

《世说新语》中有个叫陶侃的人，是荆州的地方官。荆州沿着江河，船只的利用率极高，造船的商家便非常多。造船会留下许多无用的东西，比如木屑。人们对无用的东西，多半抛弃，陶侃却下令把木屑都收集起来。待到冬来下雪，路面、台阶湿滑，他便命人将木屑洒在地上，保证百姓的出行不受困扰。除此之外，官府收购竹子的时候，他特地将旧竹头都留下，到造船的时候，厚实的竹头都当了钉子。

这些被当作废弃物的东西，都有另一种用途。所以当有人对你说，你很没用的时候，千万不要当真，只是你有用的地方，他没有看到而已。

爱迪生研究白炽灯泡的时候，尝试了 1000 多种材料，没有一种适用。有人说，你做的这些都是无用功。他却说："我证明了这 1000 多种材料都不适合做灯丝，挑选范围因此而变小，怎么是无用功！"

美国有一座"失败产品展览馆"，里面堆积着几万件失败的产品。这个展览馆的创建人叫罗伯特，他在多年前有了这个想法，在民间收集超过 7 万件的失败产品，将它们陈列，他说："垃圾是放错了地方的好东西。"展览馆每天宾客盈门，罗伯特因此富甲一方。

哲学在无用和有用上探讨了千年，最终认为没有绝对的概念，同时认可了任何一种存在都是有价值、有意义的。因此不要因在某方面不擅长而妄自菲薄，也不能武断地指责一个人毫无用处。最重要的，要积极去发现自己有用的一面，而不是在无用的一面沮丧绝望。

天生的偏见患者

这个人是好是坏，不要听别人的，你要亲自相处了才知道。这部电影分数是高是低，你看了才有结论。我们做不到完全不抱偏见，却能做到在下结论之前亲身去体会，置身其中，才有发言的资格。

你说人类是不是天生的偏见患者。

1896 年 5 月，沙皇尼古拉二世举行加冕仪式，邀请各方人士前来观礼，自然包括有“军火工业帝国”之称的克虏伯家族。贝塔·克虏伯，克虏伯家族未来的继承人，跟随父亲一起参加，那年她只有 10 岁。

仪式开始之前，俄国司仪朗读每一个与会国家，并且奏该国国歌。念到大清国时，一个年迈的老人推着轮椅出场，轮椅上是另一个老人。司仪说奏国歌，会场上鸦雀无声，大清国根本没有国歌。很快，其他国家的代表开始哄笑。事实上，晚清政府早已沦为全世界的笑柄，即便有国歌也无济于事。

轮椅上的老头，脸色激变。然而片刻之后，他却站了起来，以一副势不可当的威风，张口唱了一曲，那声音沧桑却豪情万丈，唱到高亢之时，声音更似穿破云霄。刚刚的哄闹变得死寂，人人听得入迷。

老人唱完后，场下掌声雷动。贝塔·克虏伯竟然激动地流下眼泪，她在日记里称赞这位老人“太可爱”“太伟大”“太棒了”。她问父亲，这位老人是谁？父亲告诉她，他是大清国的高级官员，他是李鸿章，唱的是他家乡的庐剧。

我们对他并不了解，只是从一些文章中就获取他是卖国贼的印象，这算不算偏见？

再谈一个人物，以洒脱、不拘一格、天道自然著称的庄子。他看破了生死，可以在妻子死后鼓盆而歌，说妻子回到了来时的地方，应该庆贺，却唯独放不下跟孔子的对立。

在《庄子》三十三篇文章中，提及孔子的有二十一篇，大多是虚构的内容，从头到尾只贯穿了一个中心思想，就是孔子对道家思想的折服，这无疑颠覆了孔子和儒家学说，让很多儒士感到不满。但庄子乐此不疲，在他的笔下，孔子只有承认并推崇道家思想的时候才算得上智者，其余时候都是不知所谓、眼光狭隘的庸才。

比如庄子在《德充符》中借叔山无趾者（被割去脚趾的人）之口揶揄孔子：“孔丘之于至人，其未邪？彼何宾宾以学子为？彼且蕲以諔诡幻怪之名闻，不知至人之以是为己桎梏邪？”大意是孔子还不能称为圣人，他还拘泥于世俗偏见，把人的外形看得很重，试图用美好的语言来蛊惑众人，却不知这正是圣人的枷锁。后又说：“天刑之，安可解！”意思是“这是老天对孔子的惩罚，不容易解脱。”

我们没看到庄子执拗的一面，就认为他是一个什么都不放在心上的潇洒道人，这算不算偏见？

人类不仅是天生的偏见患者，还是“别人都这样说”的偏见患者。

我读书时遇到过这样一个女生，火辣性感，妩媚迷人。不知从什么时候起，人人都说她风骚、浪荡，傍着一个有家庭的大款，还有各种不堪入耳的传闻频繁传来。所以她一个女性朋友都没有，反而树敌不少。某个夏夜，她被一个彪悍的女生一脚踹进了医院。竟然没人同情，都在为那个彪悍女生叫好。

彪悍女生经常来往我们宿舍，我们问：“为什么打她？”女生特别淡然地说：“没什么，就是看她不顺眼。”那种江湖大姐大的口吻，让大多女生都觉得她很有性格，而且极具人间判官的气质。她们称赞她，我却很难说出那个“好”字，因为我看到的那个性感女生，实在是个热心肠。

性感女生其实有个男友，就读金融专业，不到 1 米 7 的个头，带着一副蓝框眼镜，说话总是一副无所谓的腔调，看上去邋里邋遢、没有精神。我为什么会知道这些？因为这个“无所谓男生”跟我一样，是系里的学生干部。

有一次我们为了组织演讲比赛开流程会议，性感女生一直坐在会议室的一个角落里翻着一本小说，看上去安静优雅，然而举手投足间还是充满诱惑。我小声问学姐，她为什么会在这里？学姐指着“无所谓男生”说，跟着他来的，说是他女友。我怎么都不能相信，一来关于性感女生的传言太多，二来他们从视觉上一点都不般配，直到后来看他们互动亲密才肯相信。

“无所谓男生”真的是无所谓，经常缺席活动，办事又找不到人。因为我跟他是同届，而且又有公共课在一起上，学姐让我代传很多“指示”给他。然而“无所谓男生”就连公共课都很少上，倒是性感女生我经常见到。我试过发短信、打电话，都没办法联系到他，无奈之下，找到性感女生，请她代为转达。

我第一次同她讲话，心里是忐忑的，一方面美丽的女生总是给人一种无形的压迫感，另一方面她风评太差，很担心她对我刻薄。后来证明我想多了，性感女生非常热情，仔细把我转达的要求记在小本子上，还道歉说：“他就是这样的人，没关系，以后找不到他，尽管来找我就好。”我发现，她笑起来，很好看。

就这样，我们开始了频繁地互传消息，她没有一次感到为难，直到系里辅导员撤掉了“无所谓先生”的职务。即便如此，我和她也算是相识了。有时在洗漱间、卫生间遇到，会打招呼；有时我洗脸水太凉，她会把刚刚打好的热水倒在我的盆里。

有阵子我们女生宿舍疯狂丢暖壶，刚买的暖壶放在洗漱间，只是转身回宿舍接电话的功夫，再回来暖壶就不见了。那天我洗衣服，碰到她来刷牙，简单问候一声，忽听电话在响，我急忙跑回对面的宿舍。十几分钟后我挂了电话才想起：“坏了，暖壶要丢了。”等到小跑到洗漱间，看她还在那里，牙具已经收好，一直在照镜子。她看到我笑着说：“你没回来我都不敢走，你暖壶也没提回去。”

我惊讶地问：“你在帮我看暖壶吗？”

她笑了笑说：“现在不知道什么风气，连暖壶都偷，我回屋去啦。”

我很难对她产生厌烦，所以当同学之间说她这样不好、那样不堪的时候，我会回问：“你们亲眼看到了吗？”她们会说：“别人都这么说。”我说：“她有男友的，就是我们学校的。”她们会说：“什么男友，八成是幌子吧。”

当时我会恍惚，这么多人说她不好，总不是空穴来风，但我认识的她的确是个热情又细心的人。终究敌不过众人的偏见，我也刻意疏远她，渐渐地，即便是见面，也再不会打招呼了。

没有人能感同身受

其实，你万箭穿心，别人不会疼痛；同样，别人万箭穿心，你也无法感同身受。这世上，没有哪两个人的经历是完全一样的，于是不存在真正的感同身受。所以下次，别抱怨他人无法体会你的心情，也不要对别人的经历有“我也经历过，这算什么”的心态。

懵姑是个喜欢参加聚会的人，不管那些朋友是不是只有一面之缘，或者干脆是朋友的朋友。每次聚会她都会喝得脸涨红，嗓子沙哑，就像站在高台上激情澎湃地开了一夜动员大会。有人问她，你这么喜欢抛头露面吗？懵姑想了想说：“是啊，我就是喜欢啊。”

她妈妈跟她住了一阵子，实在受不了她三天两头满身酒气回来，抱怨说：“你小时候是多安静的孩子。”

懵姑想起从前安静的自己——在人群里不敢说话，没有要好的同学。小孩子们多半是这样，看到一个从不张口说话的人，就觉得她有问题，“是不是有点傻？”所以为她取了绰号“懵姑”，用来消遣和取笑她。

不说话，是因为自卑，自卑来自她跟着一个改嫁的妈妈，而新爸爸和他的家人并不喜欢她。久而久之，沉默就成了武器，对抗所有的不友好。

读了高中后的一天，班上转来一个同样不爱说话的人，他们直截了当地称呼其为“转校生”，好像一个被冷落的人不配有名字一样。懵姑在转校生的身上看到了自己的孤单，于是想跟转校生做朋友。她想了不少接近转校生的借口，在脑海中预演了几十遍，最终也没能鼓起勇气开口。

然而就在懵姑犹豫不决的时候，转校生突然有了许多朋友，那些看似冷漠的同学竟然都围在她身边，为她擦眼泪，为她加油，甚至送她零食。懵姑真的懵了，不知道转校生用了什么方法，竟然变得受欢迎了。“那嘴脸，暴发户一般。”懵姑想。

就在下午的班会上，班长说了长长的一段话，全都跟转校生有关。大致意思是转校生的母亲昨天病逝，她此时很脆弱，需要同学们多多给予关怀。班长还用了一个文绉绉的成语，“我们对其不幸，感同身受。”

懵姑登时明白一件事，原来只要把自己的伤心事拿出来讲，就能获得大家的关注、帮助。她要这样做，因为她比谁都渴望获得关注，尽管这种关注建立在同情、怜悯的基础上。于是在一个午后，她在教室里呜咽哭泣，“正好”被生活委员看到。生活委员出于一个班干部的“责任感”上前询问，懵姑擦着眼泪、鼻涕说完了自己被继父家人欺负的种种。

生活委员自然义愤填膺又充满悲悯，于是也开了一个差不多的班会，专门讨论如何帮助懵姑的事情。从那以后，懵姑的生活变了，她不再是孤单一人，身边总是围绕着许多善良的同学——他们帮她复习功课，送她文具，跟她分享笑话和零食，带她参加各种小团体的聚会。她也不再沉默，经常跟别人讲起她的伤心事，以此赚取关切。

久而久之，出入各种聚会，跟各种陌生人诉说最近遇到的不幸，就成了懵姑的社交手段，似乎百试不爽。

进入社会之后，懵姑靠着展露自己的各种不幸来获得同事、客户的青睐。在无论与谁的交谈中，她都可以适时地插入自己的经历，以期得到别人的感同身受，也希望表达出自己对别人不幸的感同身受。

别人："我最近工作糟糕极了。"

懵姑："我也特别糟糕，我上司把不归我管的事情都交给我来做，我连喝水的时间都没有，非常烦。"

别人："我父亲去世了。"

懵姑："我小时候父亲就去世了，我妈妈带着我改嫁，我继父全家都欺负我，好吃好喝从来轮不到我。"

别人："我失恋了。"

懵姑："我也跟男朋友吵架了，基本上是没戏了。他竟然让我去学学怎么跟人交谈。我太懂如何交谈了。"

不管别人遇到什么事情，她都有类似的经历，而且转眼间就变成了事情的主角，对方渐渐陷入了沉默。

过一阵子，她再打电话约别人，已经很难约到。她想大家都太忙，没时间来经营友情了。

又是一个微醺的夜晚，懵姑像往常一样回到家，用冷水洗了把脸，倒在沙发上不愿起来。酒精的味道还在嘴里发酵。她微醺地看着这个世界，朦胧的可爱，看谁都是美的。她突然想起刚刚电话响了多次，微信也一直在闪。带着醉意，她点开微信图标，男友的头像上显示着十几条未读信息。

“我想了很久，我们分手吧！”

“我知道你身世可怜，又遭遇过许多不幸，当你第一次跟我讲起这些，我被你感动，也被你震撼，觉得你真是个坚强的姑娘。可这一年多来，我们持续的交流模式都是你在说，我在听。”

“我也有为难和不快的事情想跟你讲，希望听到你的宽慰和意见。但每次我只说了一半，你就会讲起你也遇到过的类似遭遇。”

“或许你经历了很多，但你不是我，你不了解我在遇到这种经历时的感受。这世上，没有人能对别人的经历感同身受。”

……

懵姑又懵了，她爱他，她从来只想让他感到快乐。她说那些关于自己的不幸，是为了让他觉得在“惨”这点上并不孤独。“哪里出了问题？”懵姑打电话过去追问，但男友说该讲的都讲了，现在无话可说。

懵姑这次真的很痛苦，痛苦到不想找任何人倾诉，只想一个人安静地、不分昼夜地发呆。后来她红着眼看到一个故事：

一只猴子受了伤，遇到同伴就扯开自己的伤口给别人看。本来小小的伤口，很快可以痊愈，它偏要不断将其扯开，最后因伤口发炎而死去。

懵姑这次不懵了，她终于发现自己犯了两个错误：一是像那只猴子一样扯着伤口给人看，试图激起别人的同情心，她太希望别人能感同身受，从而对她更加友好；二是自以为可以对别人的经历感同身受。

一位美国女记者在 TED 讲述谈话经验，她说不要拿自己的经历和他人比较，"世上本没有感同身受"。你不是他，没办法设身处地地想象他当时的处境与心情。更重要的是，交谈的重点不是你，不要他提到什么事，你立刻就说你自己的。

懵姑给男友打电话，说她懂了、错了，以后会改的，可等来的却是无边的、可怕的沉默。最后她在纸上写了一句话："万箭穿心，谁痛谁知道。"

努力不是做出来的姿态

你仔细想一想，你是真的努力了，还是只是看上去很努力而已。真的努力了，是愿意为一个哪怕小小的目标专注奋斗；看上去努力，是你明明感觉在做很多事，很辛苦，却一直在原地踏步。现在选择权在你手里，你要选择哪一种？

“我们为什么要努力？”有一家社会调查机构在问卷里只写了这一个问题。

答案非常多，“为了有自己的房子”“为了想买的跑车”“为了给家人安全感”“为了过不用为钱发愁的日子”“为了找个理想的对象”“为了在大城市里拥有自己的事业”……

有个答案非常显眼，因为它很长：

“我从前的努力是为了有份不错的工作，前不久我得到了这样的工作。我的工资翻了两倍，虽然还是租房子，但完全有能力租一整套舒适的、交通便利的一居室。但我并不快乐，因为每天要处理许多不喜欢的杂务，以及两面三刀的同事关系，这让我觉得毫无价值，甚至是在浪费时间。

我成了工作的奴隶，受它摆弄，被它驱使，连情绪都不由自主。我每天睁开眼，想到要去上班就烦躁不安，特别想让自己生一场大病，或者干脆来一场天灾人祸，这样就不用去面对许多烦恼。

因为情绪问题，我看什么都觉得碍眼：没有摆放整齐的桌椅板凳特别碍眼，上前踢翻它；不配合我工作的同事碍眼，在心里咒骂他；路上横冲直撞的行人很碍眼，便狠狠瞪他；单元门都很碍眼，已经锈迹斑斑，锁也不好用，必须大力推拉才能打开，就一脚蹬开它。

就在几天前，我下楼准备蹬开单元门去上班，想起今天穿了一双皮鞋，如果这样用力蹬踏，皮子可能会蹭掉，于是改用手去推门。当我出来的一瞬间，惊吓出一身冷汗，门口坐着一个 3 岁左右的男孩，显然是刚被我推开的门撞倒在地。我急忙上前扶起他，不断询问他哪里疼，旁边坐着的他的母亲说了句“没事”。

从母亲的态度我可以断定，推门力度不大，只是轻轻碰倒了他，于是又说了句对不起便匆匆离开了。路上我一直在想，如果当时是像往常一样用脚使劲蹬门，那结局完全不同，他可能会因此受到伤害，而我可能会因此官司缠身，还要背上沉重的负罪感。从那一刻起，我忽然明白，不控制情绪就会伤害别人，可能是一个可爱的、幼小的孩子，他们何其无辜，却成了我恶劣情绪的炮灰。我也意识到变成一个更好的人是多么重要。

于是我有了努力的方向，不是更多的薪酬、更宽敞的房子、更高的职位，而是一个更好的自己，这就包括要努力克制情绪，努力学习倾听，努力学会善待别人，努力学会在错误中找到正确的方式……这些努力都是一些细节，可能不像健身那样，持续一个月就可以看到成果，它们是天长日久的积累，难以察觉，难以描述，但最终会成为我想要的样子。

这个答案公布在网上，得到了许多人的赞扬。随后这家机构又抛出了第二个相关问题："你认为正确的努力方式是什么？"

依旧有许多答案，大部分可以归结为一个词，那就是"坚持"。然而有人却在问卷下留言说，"正确的努力不是刻意为之的一种姿态。"

这让我想起有人跟我抱怨，为什么那么努力、那么辛苦，却始终没有回报。他的确很努力，起码从他的朋友圈里可以看得出，几乎每天都有状态的更新：

"今天读书读到12点，太累了，明天还要早起，晚安全世界。"

"马上要考试了，每天早上要6点起床学习才行。"

"在健身房挥汗如雨的感觉真好。"

"今晚又要加班，又要到后半夜，加油。"

"制定计划：每个月读一本书。"

……

诸如此类，让人看得斗志饱满，愿意真诚地为他按下点赞钮。这么努力的人，有资格过上更好的生活。所以当他跟我抱怨如此努力却没有回报的时候，我也觉得上天不公，或者他时运不济。我不断鼓励他，命运成全的都是那些努力的人。

但跟他更熟悉一些后才发现，他每天吃饭拍照发朋友圈、跟人聊天或抱怨的时间远比努力的时间久。

读书读到12点，是因为11点半才阅读，中途还有几分钟在摆弄书的造型，好拍出一个艺术的角度来发朋友圈。

每天早上6点起床学习，其实一个月只按时起来两三次。哪怕只有一次，他就觉得自己已经很努力了。

在健身房两个小时，有一个小时在聊天闲扯，还有半个小时在自拍，只是短短半个小时的有氧运动，就已经足够营造出努力的氛围。

加班到后半夜，是因为能及早完成的工作因为种种借口延误了。

每个月读一本书，当我问到你最近读什么的时候，他却说想不起来了。

我说你这哪里是努力，简直是在作秀，还感动了自己。努力，真的不是刻意为之的姿态，更不是你用来在朋友圈刷存在感的工具。你可以高调、张扬地努力，可以傲慢、嚣张，但那前提是你确实努力了，确实在一分一秒中积累了知识与经验。

于是努力应该是这个样子：或许你一下子描绘不出努力的痕迹，也无法搜索出努力的成果，却真真实实在一点一滴地累积，并从中悄然成长，最终在无法预知的时刻爆发最强的力量。但自欺欺人的努力，是腾空而起的高楼，看上去很高，却摇摇欲坠，终究是你于浮华世界的一副幻象。

Part 02

失去的潇洒忘掉，剩下的才最重要

我们活到今天为止，不管多少岁，

总有些已经丢失却自觉珍贵的东西。

我们可能寻找过，但不管怎样努力都没有结果。

到最后慢慢发觉，人生就是一场舍弃，一场不断的告别。

既然如此，索性不要再挣扎，

失去的潇洒忘掉，剩下的才最重要。

暧昧只是因为不够喜欢

“他真的很忙所以忘了”“至少他真的向我道歉了”……他很忙，即将就任美国总统，一个小时好几亿的生意要谈，忙得快疯了，根本抽不出时间与你打电话，忙得真疯呀。有手机、有快速拨号，甚至有语音拨号，有时压根没想打电话，电话就从裤兜里拨出去了，为什么就是没有时间打电话。如果真的喜欢你就不会忘记，如果忘记说明他不在乎你失望。

——《他其实没那么喜欢你》

读书时，图书馆是个特别容易让人入睡的地方，冬天温暖，夏天凉爽。所以学生时代，一旦坐到图书馆学习，不久就觉得书本上的字开始跳跃，眼睛要挣扎着才能睁开，手里的笔开始写一些莫名其妙的词句，接着便昏昏睡去，醒来时已经过了一个小时。大概是太舒适，图书馆留给我的印象要比自习室好多了。

昏睡之后，世界要朦胧好一阵子，眼球要用力挤压和放松，才能恢复清晰的视野。对面坐着的人，也从模糊的轮廓变成了清楚的五官——消瘦的脸，黑框眼镜，有棱角的下巴，薄如锋利刀刃的嘴唇。并不俊美，却让我记忆深刻。这以后，我总是能在同样的位置、同样的时间遇到他。

那天的夕阳，从他身后晕染开来，绚烂了整个阅览室，一种光芒在他身上生长。怎么会有如此耀眼的人，以至于我根本看不到他旁边的人。从那以后，我开始刻意遇到他，为了占到那个固定的位置，我很早就去图书馆。不过每次他都已经坐在那里，不管我去得多早。终于有一天，他开口跟我讲话，慢慢地，我们留了联系方式，开始日日夜夜地发信息。

愚人节，我想开个玩笑。你懂的，暧昧的人之间，不管什么节日，都是想以一些看似简单、没有目的的信息试探对方的心思，想知道的无非是那个古老的问题“你是否喜欢我？”愚人节那天，我用室友的手机给他传了一条信息，大意是我手机被抢了，现在拿同学的电话给你发信息，我正在警局。大概只有几秒钟，手机响起来，我却吓到了，根本不敢接。他不停打来，电话停了又响，响了又停。

室友不耐烦，接起来说，今天是愚人节，这是个玩笑。我急忙用自己的电话传了另一条信息过去道歉。他回过来说：“你再不接，我就要给你们辅导员打电话了。以后不要开这种玩笑，很可怕。”

那天没了下文，没有像偶像剧里那样，男主人公狂奔而来，先是严厉训斥，然后一把将女主人公拥入怀中，惊魂未定地温柔抱怨：“吓死我了，以后不要开这种让我抓狂的玩笑。”

现实，就是这样的乏味。

然而从那以后，我们关系更亲密了些，开始互赠一些礼物，分享一些更私密的话题。在其他人眼中，我恋爱了。那段时光，轻柔缓慢，甜腻美好，每个人都是亲切的，跟再厌恶的人都能和颜悦色地相处，心情变得格外晴明，对世界友好极了。那种体会，叫怦然心动。

这样不明朗的关系，有一种令人兴奋的美好，却也是容易生出嫌隙的。他在图书馆开始给别人传信息，我不能问，他似乎也没有告诉我的意思，因为我们没有任何关系，只不过是“要好”的朋友而已。而强烈的不安全感已经让我胡思乱想，他是否跟别的女生也保持同样的暧昧关系。

那晚我们一群人聚餐，我喝了些酒，并没有醉意，他坐在一旁，偷偷把我杯子里的啤酒换成了茶水。我四处寻找酒精，他一把揽住我，把我拖出了餐馆。“女孩子喝酒特别难看。”他这样说。

不知道他本意是什么，我只觉得那一刻他表达的意思是：“我不喜欢你。”巨大的悲伤带着酒精的味道从眼睛里流出，我没有上演歇斯底里，只是转身回了宿舍。从那以后，他的信息，我再没有回过，去图书馆，也换了楼层。自尊心一直让我远离不喜欢我的人，包括他在内。

接下来的时光，灰暗了许多，每天都要跟忍不住想回他信息的冲动做斗争。就这样直到毕业，在散伙饭的餐桌上见了他最后一面。他趁着酒劲说，他这么多年喜欢一个女生，一直没敢表白。我内心狂跳，觉得他下一秒就会跟我表白。然而他端着酒杯，走向了另一个乖巧可爱的女生面前，说了一段长长的诗句，然后将手里的酒一饮而尽。

我自然非常失落，用了很长时间修复好的心情又被击垮。我提前离开饭桌，之后便再没见过他。

工作之后的第二年，我接到了一个陌生号码的短信，他报出了自己的名字，那些愉快和不愉快的回忆又一起涌上心头，我还是有怨怼，无法释怀地跟他交谈。他说毕业后离开了这座城市，回到了故乡，这次来出差，能否见一面，有很多话想说。我报复般地拒绝了。可后来，每当看到跟他长得很像的男人，我总是下意识躲得远一些。

毕业第十年，我们在同学群相遇。除夕夜，大家一起抢红包，回忆过去，说着现在拖家带口的生活多不容易。说起十年前的爱恨情仇，我们都可以调侃，因为真的已经释然。只是大家说起他和我，说以为那时我们在恋爱，我还是会有些疑问，"你那时究竟是否喜欢我"。他发了一条微信给我："当年你的心思，我都了解。"我忽然释怀，既然你都了解，为什么没有跟我更进一步，原因只有一个，你不够喜欢我。

《欲望都市》的编剧格莱哥·贝伦特写过一本书，后来又被改编成电影，名叫《He's Just Not That Into You》(他其实没那么喜欢你)。他说："'他以前受过伤''他现在生活很混乱''他刚刚分手/离婚，他想慢慢来''他习惯了自由'……这些全是用来对付男人不喜欢的女孩的借口。如果他喜欢你，就不会暧昧不清，就会昭告天下对你的所有权。"

"他不愿意见你的朋友和家人，说因为是和你在一起而不是要和你妈谈恋爱；他不愿意带你走进他的圈子，说因为这只是两个人的事。如果他用以上种种借口解释你们之间的暧味，那么请自动翻译成‘我只想用你来消磨时间’‘我不太喜欢你’。”

答案就是这样简单粗暴，是早就应该看透的，却因为深陷其中，贪求那不清不楚的情愫而不愿看透。其实爱情有多复杂呢，舒淇在《玻璃樽》里有一句台词：“你爱不爱我这个问题怎么会难回答呢，最多不过几个字而已，‘我爱你’‘我不爱你’‘我喜欢你’‘我不喜欢你’。”

亲爱的你，这些经历对我来说并不可爱，但我愿意跟你分享，希望未来这条漫长的路，我们可以过得更简单一些。

有些真相，忘记的好

我们最大的优点是记性好，最致命的缺点也是记性好，好到那些伤害、背叛带来的痛苦总是记忆犹新，它们日日夜夜纠缠我们，试图让我们对人生失望。记住，一定要忘记，不是熟视无睹、自欺欺人，是学会放下那些持续带来痛苦的坚持。

我们随口就能讲出很多道理，显得睿智又饱读诗书，可在自己的人生里，还是过得一塌糊涂。我们用这些道理来追求和佐证真相，却往往被真相折磨得遍体鳞伤，就是因为我们太自以为是。有些真相，不是不用去知道，而是选择忘记的好。

我有大约3年时间没有跟优优联系，关于她的消息都是从其他同学口中得知的。前不久她来我生活的城市出差，提前一个星期跟我预约了这个周末要一起吃饭。我知道，她主动约同学是不容易的，因为我听说，她过得并不如意。一个人过得不好，是非常厌恶与老同学聚会的，总是担心被问及自己的生活，苦笑自己过得不好，他们会觉得你谦虚得像极了虚伪；痛快地说自己过得多么幸福，又会被戴上炫耀的帽子。好与不好，难以拿捏。

我也有些心惊胆战，该如何与一个过得不幸的人交流，我是缺乏经验的，只能选择避开，说些当年读书时的年少轻狂。

优优倒是很大度，跟我想象中那种沮丧的、灰暗的状态完全不同，我看到的是一张明快的笑脸，写满了好久不见的激动和热情，随之是关切、好奇的问长问短。

“你呢，最近怎么样？”我本能地在嘘寒问暖中进行了互动，出口后立刻感到后悔。

“我过得不好。”优优大方地说，没有一点掩饰和悲伤。

这是一个长达 3 年的故事，发生在我们完全没有联系的时光里，里面有很多我陌生的人和事，要讲起来，可能需要一个长长的午后。所以优优尽可能简单地说了这段过往，她嫁给了一个她很爱的男人，男人对她很好。但在一年前的一个早上，男人突然高烧昏迷，送到医院被检查出病毒性肝腹水。在她未来得及痛快哭一场的时候，男人已经不省人事。从住院到去世，只有短短的 15 天。优优从绝望变得更加绝望，“我每天睡不着，又要强迫自己睡着，总觉得这样再醒来后，就会发现一切只是一场噩梦。”

失去丈夫，优优没有通知任何老同学，但消息还是不胫而走，我们逐渐知道了，却不知该如何开口去安慰她，觉得任何一句主动的问候都是冒犯。然而真正坏的消息还没有讲完，男人去世半年后，有个女人来找优优。优优认识她，男人曾在外地打拼过一阵子，跟优优异地生活，这个女人是男人那时的助理。女人哭得很伤心，质问优优为什么不把男人去世的消息告诉她。

“那神情就像是她死了老公一样。”优优说，“我知道，他们俩有事儿，早知道。”优优知道的时候，男人身体很差，总是在感冒、恶心，时常会呕吐。优优买了感冒药、胃药，唯独没想到这会是一场要命的大病的前奏。糟糕的事情总是以这样小打小闹的模样出现，让人难以提防。正因男人身体差，优优选择装聋作哑。她说：“已经不想追问了，怕他亲口承认的时候，我会不知所措，因为很爱他，不想离开他。不问，还能这样自欺欺人地过下去。”

男人重症住院时，趁着清醒的时候跟优优忏悔，说他这辈子最不该做的就是身体上的背叛，不过就那一次，之后女助理离开了，他付出了一笔钱，让她创业。男人说爱优优，但希望优优能狠狠记住他的背叛，这样他离世后，优优就不会太难过。就那一刹那，优优觉得真相是什么已经不重要了，她还是那么爱他，怕失去他。

“那女人来找你，你不恨她，不恨你老公吗？”

“恨。他走后我一直很难走出来，每天什么事都不想干，就窝在家里哭。家人担心我，天天陪着我。那段时间，我几乎是不分昼夜，不知什么时候睡着，不知醒来是几时。只是难过，只是不停流眼泪。我记得特别清楚，有一天我醒来，是上午，阳光热烈地铺在我的身上，我爸妈正在准备午饭，厨房里飘出炖肉的味道，那一刻我忽然觉得，我不想辜负我的爱情，却一直任性地辜负我父母的爱和期盼。我说我饿了，我妈当时眼眶就红了，嘴里一直说觉得饿就好。我爸说，你妈妈天天变着花样做你爱吃的东西，就盼着你饿。之后我见到了那个女人，她仍然那样光鲜艳丽，而我已经被悲伤折磨得几乎脱相。我豁然想通，一个犯了错的人活得如此光彩，我凭什么不能。从那一刻起，我就决心忘记那些痛苦的真相。”

如果真相太痛苦，还是忘记的好，所以我看到的优优还是明媚的，没有被黑色的伤感和不幸包围，依旧保留了那样欢快的气场。她现在很努力工作，因为没有孩子，她有更充足的时间来爱护自己，照顾家人。

我知道，你可能会说，忘记，是件好说不好做的事情。我也这样跟优优说过，优优告诉我，的确不容易，但痛苦是可以通过积极的态度得到治愈的，比如你主动去结交新的朋友，去尝试一种新的味道，买一些新的衣服，参加聚会，做自己喜欢做的事情……有很多方法。只要愿意选择忘记，就一定不会放纵自己沉溺在痛苦的真相里。第一步不迈出去，就永远也不知道自己有多勇敢。

你和她匹配条件98%，她却不爱你

如果你遇到一个人，他不符合你的条件，可你就是很喜欢他，你该怎么办？你真的认真想过这个问题吗？现在好好想想，选择依然坚持，还是放弃去追寻爱情。我无法给你答案，但我想，这世上条件好制造，但爱情却像鬼一样难遇，哪个更珍贵，你肯定是有答案的。

我喜欢叫他“奇怪先生”。

读书时，“奇怪先生”不参加我们班集体的任何一次活动。每个周末，同学们各自相约出去玩，“奇怪先生”总是一个人出去。

“奇怪先生”的床铺是整个男生宿舍里最干净整洁的，女生第一次去男生宿舍办联谊会时，震惊了许久，指着床铺问其他男同学：“这是谁的？”男同学们大概觉得邋遢才是男性荷尔蒙的主要标志，所以对“奇怪先生”的干净整洁不屑一顾，甚至有些瞧不起，他们说：“这个家伙，洗个脸，盆里放一堆护肤品，我们一条毛巾就够了。”

“奇怪先生”的衣服都很适合他，不是指尺寸，而是指搭配，特别是一些细节。他穿衬衫，领子上会有一枚精致领扣；他穿休闲裤，裤脚会挽起露出脚踝；他穿外套，袖口领口没有油腻腻的汗渍。他的头发总是精心设计的造型，而且不会出现令人厌恶的油头粉面的效果；靠近他不会闻到男生宿舍里的古怪味道，只有淡淡的香水味道；在运动场合一定穿运动装，上课、外出一定会精心装扮，不会在不同的场合穿同样的衣服。总之，“奇怪先生”是个利索干净，在我们眼中有格调的男孩子。

“奇怪先生”有一群校外的朋友，听男生们说，每个周末，他都跟他们在一起，参加名目繁多的 party。有一个周六的晚上，我在校门口看到正在打车的“奇怪先生”，他穿得更加时髦，似乎印证了男生们的说法。

然而奇怪的是，就是这样不合群的“奇怪先生”，跟同学之间的关系却并不疏远，我们在食堂碰到，他会端着饭菜跟我们挤在一桌，边吃边聊；在图书馆碰到，然后他会拍拍旁边的座位说：“这有空位”；在羽毛球馆碰到，他一向挽起衣袖，加入混战；在篮球场遇到，我们叫他来加入啦啦队，他也义不容辞。所以我叫他“奇怪先生”，感觉跟我们距离遥远，却又时常跟我们很亲近。这大概是一种与生俱来的交际能力。

我和“奇怪先生”有过一次长久的交谈。那是个没有课的下午，我们面对面坐在自习室，手上拿着彼此参加校园小说大赛的作品，谈着各自的想法。

我说：“你的男主人公特别现实，找女友的条件可以写满一张 A4 纸。”

他说：“本来就应该很现实，人都应该精于计算，才能在人群中找到跟自己最匹配的那个人。”

我说：“所以你一直在找跟你匹配的人和活动，我们这些同学，都不符合你的条件。”

他说：“我只是在为自己的未来做好铺设。爱人是未来很重要的一部分，一定要找最好条件的那个。”

我说：“如果你遇到一个人，不符合你的诸多条件，可你就是很喜欢她，该怎么办？”

他说：“既然有了条件，就不会对条件外的人多看一眼。”

毕业之后，“奇怪先生”就消失在我们这群同学的视野之中，没人知道他去了哪里，现在在做什么，也鲜有同学问及他。直到今年的春节，“奇怪先生”突然出现在同学群里，以非常高调的姿态。他还是从前那样有格调，朋友圈里发的不是酒会就是 party，活跃在各种交际场所。同学问他：“你结婚了吗？”他说：“还是一只单身狗。”

大概是因为当年我们有过一次那样的交谈，虽然我觉得并不愉快，但也让他对我比对其他同学更热情一些。我私下问他，是不是一直找不到符合你全部条件的人？

他说：“的确很难找到，因为我的条件在不断提高。真的很苦恼。”

我依旧问了那个问题：“如果你遇到一个人，不符合你的诸多条件，可你就是很喜欢她，该怎么办？”

这次他说：“我不知道。”

我忽然想起曾经看过的一个短片，男主人公乘坐地铁，在拥挤的人群中随着行车轨迹左摇右摆。这时他的手机响起，上面是一个游戏，叫“找到附近与你最匹配的人”。他点击参与，通过层层问答筛选，最后系统给出一颗跳跃的爱心，下面写着“附近有人跟你匹配度高达 98%，在距离你 30 米的地方”。他兴奋地四处寻找，看到一个女孩子，长相可爱，他们目光相接，女孩子对他点头微笑，他也含蓄地回以微笑。

他想，应该是她吧，那一刻真有些心动。于是他站了起来，想走近一些。可当他朝女孩走去，手机开始提醒他，正在远离匹配人选。他立刻停住了脚步，看着对面那可爱女孩，她眼中写着期望，似乎已经准备好他来搭讪。他犹豫了几秒，决定按照手机指示，返身寻找那个匹配度 98% 的女孩。

指示距离越来越近，他隔着人群，看到一个成熟的女人，丰满而优雅。她似乎也看到了他，他想，这个也不错。正当他要走近一些，地铁停下，女人下了车。他追着出去，按照手机指示的距离不断寻找。穿过人山人海，距离在不断缩短，红色跳跃得更加频繁。最后他登上另一班地铁，手机上的距离又近了一些。他四下寻找，竟然又巧遇那个可爱的女孩。两个人互相微笑，羞涩又充满渴望。他有那么一刻，想着不要找那个 98% 女孩，就眼前这个女孩也很好。然而就在这时，他看到了 98% 女孩，站在不远处的人群中，朝着他灿烂微笑。他立刻快步走过去，可爱女孩望着他的背影又一次失望。

10 米，8 米，5 米，3 米，距离 98% 女孩越来越近时，他看到女孩伸出双手准备拥抱。然而 98% 女孩的目光越过了他，落在了他的身后。接着从他身后挤过来一个高大的男人，冲过去跟 98% 女孩甜蜜拥吻。她与他很配，但她却已经有爱人了。他失落地下车，在地铁开动的刹那，从窗户里映出了那个可爱女孩的脸。他这才懊悔，刚刚应该跟她搭讪，而她也明明那样希望。

地铁开走了，手机上的距离数字疯狂增长，直到无法计算，红心破碎，下面写着“GAME OVER”“是否开始新的寻找？”他点击了“否”。

我跟“奇怪先生”说：“你就像这个男人，拿着硬性条件去寻找，难保那个跟你最匹配的人已经有了心上人，却因此错过那个真正愿意跟你厮守终身的人。”

“奇怪先生”发来一声重重叹息，接着说：“可能很早以前就已经错过了。”

“过去”是个看似温暖的杀手

你应该相信你的使命。解决重要的问题。非常用心。不要放弃。一直向前看。

——马克·扎克伯格（Facebook公司创始人兼首席执行官）

我想有一天，等到我们足够老的时候，才可以沉浸在绵长的过去之中。我跟你说尽我的过去，你说尽你的过去，再一起回忆我们共同的过去。是的，只有等到足够老的时候，过去才变得异常重要，因为现在，我们的未来还很长。

一个插画师朋友传给我一组漫画，是根据日本导演加藤久仁生的短片动画《回忆积木小屋》制作的，但他修改了结局。

画面上是一座浸在水中的高楼，只有顶层暴露在空气之中，就像已经沉没的巨轮，还有一截没有入水。顶层住着一个孤独的老人，他正在到处寻找自己的烟斗。他有一个习惯，三天抽一次烟斗，一天喝一杯酒，老伴在时，他就一直是这样。

这天到了抽烟斗的日子，烟斗却找不到了，翻遍整个屋子都找不到。他想，或许是落在水下的某一层旧屋里了。

原来这一栋高楼，都是他搭建起来的。水不断上涨，他不断向上搭建房屋，如同垒积木一样。他穿上潜水衣，去水里的旧屋寻找烟斗。每一层，都有他的回忆：在病床上的老伴、为他拾起烟斗的老伴、和儿孙的合影、穿上婚纱的女儿、远游的女儿、读书的女儿、刚出生的女儿，水底是年轻时的他和年轻时的老伴，他们从小就认识，长大后一起盖了这座房子，新房建成后，他们坐在温暖的家里，开瓶红酒，对饮庆祝……

记忆如此深刻，过去依旧清晰。原片的结局，是温暖而积极的，老人找到了烟斗，游回了屋顶。他刚刚建好了新的一层，收拾好东西，准备搬过去。故人都不在了，日子也要倔强地过下去，尽管很孤独。

但朋友却一定要改了结局，他说："人人看到的是暖色系，却没看得懂导演的险恶用心。他一定要让老头不停地搭积木，看似非常积极向上，却一直在留恋过往。如果不是，为什么不让老头离开呢。老头舍不得，他注定要抱着这些过去孤独死去。"

所以他让老人在最后一层时，因为氧气耗光而永远沉在记忆的开始——他和老伴在庆祝房子建好的那一晚。他说："我想让人知道，'过去'是个看似温暖的杀手。"

有些过去太温暖，不想放手；有些过去太辛酸，想放却放不下；有些过去太震撼，无法放手；有些过去太美好，不舍放手。于是我们的时间分成了两半，一半活在过去，一半在展望未来，唯独没有活在当下。

上帝在惩罚罪恶的所多玛城时让两个天使去救一个无辜纯洁的家族出来，并让天使告诉他们，一旦离开就绝对不要回头。

天使找到了这个名叫罗得的家族，他们对家族中最德高望重的罗得说：“这座城的灾难就要到来，赶紧带着你的妻子和女儿女婿逃跑吧。快去，今天这座城就要毁灭。”

罗得回去告诉了全家人，但女婿们不相信，他只能带着妻子和女儿们一起去找天使。天使把他们带出城，警告他们说：“一直往前走，不要回头看。找最高的山藏起来，不要受到牵连。”罗得和妻女一起逃亡，妻子却忍不住回头看了一眼，结果变成了白色的盐柱。

对过去不舍，就只能留在过去，跟美好的现在与未知的未来告别。

亲爱的，请别让过去杀了你。

他们最“无情”

不要跟“无情”的人斗争，他们会问：“你是哪位？”结果斗来斗去，不过是在跟自己过不去罢了。他们要忙自己的生活，对你，不在乎。

小鹿说她回到南方后，脸上大片的痘痘竟在两年内逐渐消退，大概是当年青春期遇上了干燥的北方，才不断冒痘痘。“有趣的是什么你知道吗？”小鹿问我。

“什么？”

“上个月我去参加同学婚礼，我问他们，我现在皮肤是不是变好了？他们问：‘以前不好吗？不是跟以前差不多吗？’我说：‘以前我满脸痘啊。’他们竟然摇头说没注意。他们没注意！”小鹿拔高了音调，一脸的无奈，“他们太无情了吧，同窗四年，不短啊，我是多没有存在感！”

我说：“你不必这么义愤填膺，人人都当自己是主角，有一束追光笼罩着自己，不管移动到舞台的哪个部分都是明亮清晰的，所以要保持最美的姿态，好让观众刻骨铭心。然而观众最无情，更何况，他们不是你的观众，他们是自己舞台上的主角。你对于他们来说，也只是众多观众中的一个。观众席暗淡无光，怎么看得清你的长相。”

“别人才没空关注你。”我说。

有个演员在某个城市炙手可热，只要是他的舞台剧，票都会在瞬间售罄。他有个古怪的规矩：从不预约下一场，从不演同样的剧目。演完这一场，他自行离开，剧场经理想知道他下一场的演出时间，好提前做准备，但通常根本找不到他。不过每过两个月，他会于某一天突然出现在剧场，跟经理说两个小时后开演。尽管慌张，尽管这个舞台上正在上演别的剧目，但毕竟是他的演出，经理和其他演员都心甘情愿为他让路。

他演出的消息一传开，门口的售票窗口立刻挤满了人。短短两个小时，所有价位的戏票都已出售。甚至是正在看其他剧目的观众，听说他要开演，也纷纷中途退场，到售票窗口排队买票。为了让观众更方便购票，经理专门开设了他的专属演出售票厅，那里几乎是整个剧场最热闹的地方。

他在舞台上的举手投足，一颦一笑，一句对白，一个眼神，都能紧紧抓住观众的心跳。他身上的每个细胞都在积极地演出，一个人就是一个剧场。观众看他，最容易入戏。他在烈日炎炎中表演大雪纷飞，观众跟着一起颤抖；他在冰雪寒冬中表演酷暑暖阳，观众跟着一起燥热；他哭，观众心痛；他笑，观众开怀。他把握了整个剧场的节奏，轻松地让所有人跟随他活在一个世界里。

这一次，他表演了一场离别。他在台上声泪俱下，似乎真的是要跟观众诀别。观众不舍，大声呼喊着“你别走”。剧场顿时沸腾，剧烈的悲伤在拉扯台上的演员和台下的观众。他含着眼泪结束了这场戏，对着观众深深一鞠躬，匆匆离开。

转眼又是两个月过去了，他再一次出现在剧场。经理看到他大吃一惊：“你不是已经走了吗？”他问：“我每次不是这样吗？离开一阵子，然后再回来演戏。”

“可上一次你明明跟大家告别了。”

“那只是一出戏呀！”

经理尴尬地说：“我们都以为你是真的离开舞台，不再回来了。所以撤掉了你的演出海报，就连你的售票厅也改成了咖啡厅。”

“那又怎样，观众想念我，我又回来了，继续演就是了。”

经理摇摇头，说：“你跟我来。”

演员跟着经理穿过后台，悄悄来到台下。经理指着舞台上正在演出的人说：“他是新来的演员，非常受欢迎，台下那些观众，都是慕名而来。观众很健忘，最是喜新厌旧，最是无情。你以为自己不可取代，但当你离开后，他们转身就会为别的演员痴迷。”

他们最“无情”，所以不必活在他们的眼光里。也不必战战兢兢怕自己留给他们不好的印象，因为他们可能对你根本就没有印象。活出自己舒服的姿态，才是最重要的。

我们是比敌人更好的人

未必要选择原谅，但报复只会一步步把我们变成我们最厌恶的样子。到时你要怎么办，像痛恨他们一样痛恨自己吗？不要变成敌人的样子，他们会笑。时刻记得，我们一定是比敌人更好的人。

小木还在这座城市时，最喜欢坐在马路牙子上，看着人来人往。在刚步入社会的他的眼中，这些人代表一种向往——他们衣着体面，总是忙碌地接听电话，生活那样风风火火，充实而又富有激情。小木指着一辆刚刚停下的大奔说，他很快会买一辆那样的车。

工作 3 年后，小木没有买到大奔，但也成了人群中体面的一员——名牌在身上；无论何时都在电话里谈着工作；吃饭不再找便宜的小店，开始进出高档的馆子；坐在马路牙子上的时间也越来越少。

工作 5 年后，小木坐在马路牙子上，半晌才说一句话：“你看看这些人，表里不一，脸上在笑，心里却在盘算着如何击垮对方，而且是一击必杀。笑面虎，绵里针，他们都是。”我知道小木的世界里充斥着复杂的人际斗争，他曾被暗箭所伤，因此对人失去了信任，同时变得具有攻击性，就像一只受伤的猎豹，要伤害所有靠近他的人。

我说小木，你知道你现在变成你敌人的模样了吗？看任何人都是对手，目光中除了警惕就没有一丝亲切。小木说他只有变成敌人，才能知道敌人在想什么。小木很累，很不快乐，再也没有当初坐在马路牙子上笑出声的时刻。同他坐在一起，总觉得他如坐针毡，好像随时准备跑路一样。

工作 7 年后，小木摇着手里的酒杯，将血一样的红酒倒进喉咙里，然后跟我说他厌倦了这样的生活。他刚刚斗败了他最大的竞争对手，用非常不光彩的手段。对手因此而失去了高薪的工作，同时负债累累，身边的人像躲瘟疫一样躲着他。

然而小木没有体会到一点胜利后的快感，相反，他特别不开心。“我身边的同事看我都像看着一个可怕的人，他们表面亲热，实际上战战兢兢。他们一定在害怕，下一个被淘汰的，会不会是自己。从前他们会叫我一起出去玩。现在他们组织活动都会尽量避开我的时间。”他喝了一口酒，继续说，“你说得对，我变成了我最讨厌的人的样子。这都不是我的初衷，我只想过好一点的生活，他们却要找我斗。”

小木离开后，我想起曾经读到的一句话：“我们是比我们的敌人更好的人。”

“9·11 事件”之后，美国政府抓捕了数百名恐怖分子，其中包括“9·11 事件”恐怖袭击组织者之一的卡塔米。卡塔米和其他恐怖分子一样被关押在关塔那摩监狱，之后的几年一直在这里接受审讯。

2006 年 3 月 3 日，美国媒体突然爆出一篇新闻，里面详细记录了卡塔米接受审讯时遭到的虐待，强行喂食、不让睡觉、让他扮狗、在非常冷的房间里向他泼冷水、在他耳边长时间播放吵闹的音乐等，诸如此类，不胜枚举。而在此之前，就有伊拉克媒体报道过美军虐待战俘的新闻。这篇本土文章无疑坐实了美军虐待战俘的真实性。

在接下来的一段时间里，媒体争先恐后报道这件事，顺便翻出了 2004 年的旧新闻——美国 CBS 电视台曾在新闻中报道过美军虐待战俘的事例，《纽约客》《华盛顿邮报》《纽约时报》等都长篇累牍地报道过监狱里犯人的悲惨生活，甚至呼吁政府关闭关塔那摩监狱。

美国一直以来倡导的人权似乎失去了威力，这个国家正在经历全世界的人权拷问。我们或许会认为，美国政府道貌岸然。然而这只是我们看到的丑闻，美国社会对丑闻的反应却是另一种模样。

首先媒体在这件事中发挥了揭秘真相以及推波助澜的作用。他们在政府丑闻面前不是装聋作哑，而是大胆揭露。

美国民间的人权组织开始介入调查，他们通过长期的追踪整理出一份调查报告，以此来跟政府对话，希望政府给出交代。甚至有法律组织为受虐战俘提供免费的法律援助，帮助他们起诉相关的政府人员。

美国民众走上街头，组成庞大的游行队伍，反对政府军队虐待战俘。与此同时，民间出现了大量关于关塔那摩监狱的影视、话剧、书籍。他们积极地为受虐者寻求援助，尽管像卡塔米这样的人曾重重地伤害过他们，但他们没有变成他们敌人的模样。

共和党参议员约翰·麦凯恩站了出来，他说：“为了赢得这场反恐战争，我们不仅仅需要军事上的胜利，而且需要价值观念上的胜利，虐俘让我们在价值观念上损失重大。”之后的几个月里，参议院在进行激烈的争辩，最终通过了反对虐待战俘的法案。2005 年 12 月，总统布什签署同意案，禁止对战俘使用“残酷的、不人道的和污辱性的审讯手段”。

17 名虐待战俘的士兵遭到了惩罚，最严重的被判处 10 年有期徒刑。同时，一些被关押的犯人陆续被释放，卡塔米也在其列，国防部说因为他曾遭受虐待，所以无法起诉他。

麦凯恩声明道：“我们是比我们的敌人更好的人。”

小木，我们应是比我们的敌人更好的人。这也是在漫长岁月中，我学到的一个真理。

我们都有讨厌的对象，也有曾伤害过我们的人，我们选择不择手段地报复，变得跟他们一样凶狠而卑鄙，最终我们赢了，他们却更加得意，因为他们亲眼看着我们在报复中丢了最美好的自己。

你好，备胎君

你好，备胎君，请每天问自己一个问题：“爸爸妈妈知道他们花了那么多钱，精心培养的孩子，跟在别人身后做备胎吗？”你好，喜欢培养备胎的人，你们知道备胎有尊严、有自己的骄傲吗？你放肆利用他们的时候，他们的生命因你而消耗，你能承担得起生命之重吗？

后人要整理出版林徽因的诗文集，为此特地找到了金岳霖。他们对金岳霖说，能否为这本诗文集写一篇文章附在里面。暮年的金岳霖沉吟半晌说：“我所有的话，都应该同她自己说，我不能说。我没机会同她自己讲的话，我不愿意说，也不愿意有这种话。”

金岳霖对林徽因，爱慕、依恋，为此可以奉献终身。林徽因对金岳霖，也是爱的。她为此非常苦恼，曾哭着同丈夫梁思成说，她爱上了两个人，不知如何是好。梁思成既感激林徽因如此坦诚，也痛苦、矛盾。他一夜难寐，反复想着自己和金岳霖的优劣，最终他跟林徽因说：你是自由的，如果你选择金岳霖，我祝你们幸福。林徽因将此转告金岳霖，金岳霖说：“看来思成是真正爱你的。我不能去伤害一个真正爱你的人。我应该退出。”

从此，金岳霖和林徽因不再触及这个话题，他们依旧是好友，金岳霖依旧义无反顾地追随林徽因，她住在哪里，他就住在她的隔壁。梁思成对金岳霖也十分尊敬、信任，就连同林徽因拌嘴吵架，都要找金岳霖来评理。

林徽因去世时，金岳霖送上一句“一身诗意千寻瀑，万古人间四月天”，满满的赞美之意。他在后来回忆追悼会时说：“我很悲哀，我的眼泪没有停过。”

从那以后，林徽因渐渐走出了朋友们的生活，唯独金岳霖不肯放手。有一天，金岳霖将所有好友都请到北京饭店，开席之前，他一字一顿地说：“今天是林徽因的生日！”

爱上林徽因，陪伴林徽因，送走林徽因，这段漫长时光，金岳霖始终没有娶妻。他从未亲口承认，独身是为了林徽因，却在一次宽慰为情自杀的学生时，稍稍袒露了一些心事。他告诉学生，恋爱是一个过程，结婚或不结婚只是过程中的一个阶段，所以爱情是否幸福，应从全程来看，而不是从结婚与否来衡量。

不求结果地相守，是金岳霖一意孤行的爱情。他从未想过去拆散林徽因与梁思成，甚至认为只有梁思成配得上林徽因，就连老友徐志摩也配不上。他说：“徐志摩不自量。林徽因、梁思成是两小无猜，两家又是世交，连政治上也算世交。两人父亲都是研究系的。徐志摩总是跟着要钻进去，钻也没用！徐志摩不知趣，我很可惜徐志摩这个朋友。”“林徽因思想活跃，主意多，但构思画图，梁思成是高手。他画线，不看尺度，一分一毫不差，林徽因没那本事。他们俩的结合，结合得好，这也是不容易的啊！”

林徽因去世之后，金岳霖一直同她的儿子梁从诫住在一起。他每天到时间会问保姆：“从诫几时回来？”过一阵子又问，“从诫回来没有？”他有时会自嘲般说：“过去我和梁思成、林徽因住在北总布胡同，现在我和梁从诫住一起。”

现代人喜欢这样总结金岳霖——高觉悟的备胎的一生。遇上了自己很爱、对方却不爱自己的人，多数人要沦为备胎。爱情这东西，总是教人盲了眼睛，失了心智。

二先生跟我说，“如果不爱人家，就要狠心一点，连朋友都不要做，不然又该让人家胡思乱想。”他有这样一个爱慕者：他们还很年轻时在一起，后来分开。女孩子不甘心，继续追求他。整整两年，每天给他发一条短信，内容包罗万象，或者是提醒他注意身体，或者是倾诉衷肠，或者是说些琐事，或者是讲些回忆。他一条都没有回。我说这样太残忍，哪怕回一条呢。他说一旦回一条，她就认为可以重新开始，既然我不会回头，何必让她抱有幻想。

有一天，女孩子发信息说：“我打算结婚了。”二先生连一句祝福的话都不送，还是那样冷酷地按下删除键。之后女孩子再也没有发过信息给他。大概几个月后，二先生又收到了女孩子的信息：“我结婚了。”二先生说他忽然觉得很失落，大概是觉得少了一个为他疯狂的人。他说：“你看，我竟然享受她这样的狂热追求，虽然理智让我冷酷，可却给了我极大的虚荣。这个时候最是危险，如果不甘寂寞去回应她，事情就没完没了。我是不是个很赞的人，起码没有培养一个备胎。”

甘心当备胎的人，可爱又可怜，可爱于他们的无私付出，可怜于他们得不到爱的回应。这注定是一个人的山歌，声嘶力竭地唱，却只能听到自己的回音。所以下次遇到世间的备胎君时，请不要嘲笑、挖苦，谁能保证在爱情里总是看得清楚、想得明白。很爱的那个，总是最卑微的。也不要试图去劝说他们放弃，如果劝说有用，哪来那么多伤心人。最重要的，不要刻意培养一个备胎，因为他在你这里浪费的时间和感情，你根本赔不起。

人生的诸多遗憾

人这一生，可能不会后悔，但一定会有遗憾，可能是一句抱歉，可能是一句谢谢，可能是一个微笑，可能是一个拥抱。当你穿越时空回到过去，后悔的事情未必有能力扭转，但遗憾却可以弥补，尽管命运不会因此改变，可内心却会更加舒展。虽然不管如何努力，人生还是会有遗憾，但我们可以做到尽量让遗憾少一些。

日本一位名叫大津秀一的临终关怀主治医师，在行医多年接触过 1000 例病患后，根据他们的临终遗憾，写了一本名为《换个活法：临终前会后悔的 25 件事》的书。这 25 件事分别是：

1. 没做自己想做的事
2. 没有实现梦想
3. 做过对不起良心的事
4. 被感情左右度过一生
5. 没有尽力帮助过别人

6. 过于相信自己
7. 没有妥善安置财产
8. 没有考虑过身后之事
9. 没有回故乡
10. 没有享受过美食
11. 大部分时间都用来工作
12. 没有去想去的地方旅行
13. 没有和想见的人见面
14. 没能谈一场永存记忆的恋爱
15. 一辈子都没有结婚
16. 没有生育孩子
17. 没有让孩子结婚
18. 没有注意身体健康
19. 没有戒烟
20. 没有表明自己的真实意愿
21. 没有认清活着的意义
22. 没有留下自己生存过的证据
23. 没有看透生死
24. 没有信仰
25. 没有对深爱的人说“谢谢”

大津秀一说，他之所以要与大家分享这些，是为了提醒活着的人明白活在当下的重要性，尽量让人生少一些遗憾。

活在当下是佛教教义的精华之一，佛陀无数次跟他的弟子说起。

佛陀住世时，有个比丘喜欢独处，他心绪平静，正念恒常。佛陀对他非常赞许，称赞他：“独坐独安息，精进无懈怠，悉达诸苦根，受用大寂静，安住胜孤独。”一同修行的比丘们也十分尊敬他，都称他为“翳迦毗诃罗雅”，意思就是胜妙的独处。

当时有一个比丘名叫上座，他见翳迦毗诃罗雅因独处修行而备受尊重，于是也过上了一个人修行的生活。然而无论如何努力，他都无法得到同修和佛陀的赞誉。眼见他的独处修行流于表面，同修有些着急，于是去请教佛陀该怎么办。佛陀叫来上座，问他：“大家说你喜欢独处，赞美独处，是吗？”

上座说：“是的，世尊。”

佛陀问：“你如何独处？”

上座回答说：“我独自到村子里化缘，我独自离开村子，独自回到精舍，独自吃午饭，独自打坐修行。”

佛陀说：“上座比丘，你过的的确是孤独的生活。但我们想告诉你一个真正独处的方法。放下过去，放下将来，关注当下的事情，但不能执着于它。这就是独处最殊胜的方法。”

为了让更多比丘知道这个妙法，佛陀将它写成了一首长偈——《跋地罗帝偈经》，也称为《胜妙独处经》：

“慎莫念过去，亦勿愿未来，过去事已灭，未来复未至。当下于此时，如实行谛观，行者住于斯，安稳无障碍。今日当精进，勿待明日迟，死亡不可期，吾当如何置。若有如是人，安住于正念，昼夜无间断，圣者遂称彼，了知胜独处。”

相比起健康、年轻的身体，垂死的身体更懂得安住当下的重要。我七八年前认识一位女性，她那时 30 岁，正在毫无节制地消耗青春的尾巴——她同时交往了三个男友，两个比她小些，一个与她同龄。她在那个下午，坐在茶室里，得意地讲述如何周旋在三个截然不同的男人之间，如何让他们为自己神魂颠倒，如何在情浓时潇洒地分手，留给他们最深的遗憾。她像个说书人，为了引人入胜而情绪激昂，同时对内容毫不避讳，更不会为此感到难为情。

我们相处过短暂的一个月，之后分开，她音讯全无。今年，她又跳跃在QQ上，跟我说希望有一次文字上的合作。我们为此见面，我几乎认不出她，当年丰腴的身材如今消瘦得如同一面薄墙，两颊深陷，头发变得稀少，老态毕现，难寻从前哪怕一丝风情。然而，眼睛却异常光亮，如一汪深潭，镶嵌在毫无神采的脸上，显得那样平静从容。

她说这些年生了一场大病，两年前做了一次手术，病情得到控制，现在可以工作，但还是不能劳累过度。"我生病之后，死亡的危险一直如影相随，让我不得不珍惜活着的每分每秒。我开始精打细算，除了定期去医院治疗之外，其余的日子里，早上一定要陪父母去散步，上午读两个小时书，中午和父母一起吃饭，下午写日记，并且和病友做一些公益科普，还有一些力所能及的赚钱的兼职，生活充实极了。从前以为青春只有一次，要好好疯狂才不算浪费，现在才明白，要活在当下，不是及时行乐，而是及时努力，是不为过去纠缠，不烦恼明天的烦恼。"难怪佛陀说，经历过生死的人最容易生出"出离心"。

我们这一生也许会健康长寿，但生离死别一定是会经历的。我们还没长大时，疼爱我们的爷爷奶奶、外公外婆去世了；我们老去时，最爱我们的父母会相继离开。这还不包括父母有患病早逝的可能，不包括亲友遭遇意外的可能。更何况，我们自己也未必一定会寿终正寝。这听上去太悲观了，但正是要常常这样提醒自己，才能让我们知道当下这分分秒秒的珍贵。

于是佛家有修行的高僧会观死，像清末得道高僧印光法师，就在禅房的墙壁上挂着一个巨大的“死”字，他说人要常常念“死”，才会想“就要死了，当下再不努力修行，这一世就没有成佛的机会了；就要死了，再不跟家人好好相处，下一世见面就互不认识了。”

日本亲鸾禅师 9 岁时请求慈镇禅师为他剃度。慈镇禅师问他什么时候剃度，不如等到明天如何？亲鸾回答：“难保我明天不想剃度了，也难保你明天能活着起床，还是此刻就剃度了吧。”慈镇禅师当下拍掌称快。

亲爱的你，我相信无论如何努力，将来回首往事时都能数出许多遗憾，因为我们不可能精明到面面俱全。然而我们可以做到减少遗憾。就从珍惜当下开始，实现每一个善良的小小心愿，累积它们直至人生的尽头。我相信那时我们再谈起过去，遗憾只是点缀，努力之后的富足感才是生命的主旋律。

过好自己，就像从未受过伤一样

人类最坚强，也最容易受伤。受伤后能做的事情是仇恨一切，或者躲起来，要么干脆躲起来仇恨一切。是的，那些伤害也许在肆意折磨着我们。但不能因为它们，就让我们连自己都不想好好爱护。

我想你有机会去纽约，会到哈德逊河收藏那里的美景。但我想带你去看的，是在河畔 109 街的那栋古旧的公寓楼。当然，它的外貌被翻新过，早已看不出陈旧的模样，但在有故事的人眼中，它的灵魂始终未曾变过。

公寓的三层曾住过一个女人，她叫汉娜·阿伦特，创作了《极权主义的起源》《平庸的恶》《人的境况》等多部震撼世界的学术著作的哲学家，可能她更喜欢人们把她当作政治理论学家。

1906 年，汉娜在德国汉诺威出生，世世代代都是虔诚聪明的犹太人。在她很小的时候，她的祖父就带她认识自己民族的宗教和历史，培养她身为犹太人的自豪感与荣耀感。大概是继承了犹太人的聪慧，汉娜比同龄人显得更加成熟。她7岁时，祖父和父亲相继去世，母亲在葬礼上泣不成声，她却用稚嫩的声音宽慰母亲：“谁都会经历这样的事。”

这样富有哲学意味的劝慰似乎注定了她的哲学之路。1924年，汉娜来到马尔堡大学，成为哲学专业的一名学生，也遇到了令她此生最爱也最痛的海德格尔。

海德格尔，哲学史上无人不知的名字。在汉娜来读书时，他已经是这所学校哲学专业赫赫有名的老师，每天讲一些古怪的理论，却意外地让人痴迷。学生们说他有趣、富有激情，能将晦涩难懂的哲学理论讲得生动易懂。而且他英俊潇洒，有品位，同时具有通过哲学改变个体生命的野心。在20世纪哲学家被视为宝贝的欧洲，海德格尔的魅力是不可阻挡的，甚至是致命的，起码对于汉娜来说是这样。

汉娜看着讲台上的海德格尔，起初是钦佩，后来很自然地发展成爱慕。再聪明的女人，遇到爱情，也变得愚蠢。她明知海德格尔有家庭，也明知海德格尔比起任何人更爱自己的思想，却一定要不顾一切地去爱他。

对于海德格尔来说，汉娜是一个新鲜的个体生命，她聪明，有悟性，能理解他的哲学思想，能看懂他一直以来追求的孤独，这种学识上的惺惺相惜和理解是他的家庭无法给予的。于是他毫不犹豫地接受了汉娜的爱，没有考虑过任何人的感受。也许对他来说，这些都不是爱，只是一种学术上的高度契合而已。

久而久之，汉娜终于不能忍受，他对她没有一点爱的样子，没有甜言蜜语，没有体贴关怀，甚至连一句虚假的诺言都没有，他只是爱她对他哲学的认可，而不是她。她失望、伤心，几次三番想离开他，也的确试图离开过。但不论走到哪里，都无法彻底跟海德格尔剥离，因为他们之间存在一种可怕的根本分不开的联系——哲学，她学到的那些理论都来自他，一旦开始思考就已经堕入了海德格尔的智慧深渊里。

在随后的几年里，汉娜都过着跟海德格尔告别却无法告别的生活，她去别的地方旅行、求学，可只要海德格尔一封信，她就会再度沦陷，回到他身边付出一切。可每次结局都是一样的心碎。

爱情成为一把利刃，不停地在她的心脏进进出出。对于许多人来说，这样千疮百孔，怕是很难再去爱了。我们更倾向于封闭自己，赶走所有试图靠近我们的人。但汉娜却没有，她意识到了我们很难在爱情困境里意识到的问题：如果注定离不开爱，那就要更勇敢去爱，哪怕再受伤，再难过，再流泪。她下定决心离开海德格尔，去投入自己的学业，以及另一段感情。

就这样，汉娜带着伤痕累累的心灵来到海德堡读博士，没有颓废，没有抗拒，只有更加积极地对学业和生活的投入。她再次收获了爱情，而且在毕业的第二年结婚。只是生活并没有像童话故事该有的结局那样，让我们可以一直幸福地生活在一起。

1929 年，全球经济危机波及德国，越来越多的人失业，而更令人心碎的是纳粹掌握了德国，德国犹太人最黑暗的岁月悄然来袭。汉娜的新婚丈夫，就在这个需要患难与共的时候抛弃了她，自己偷偷离开了德国。

这是她第二次被抛弃，在外人看来，她应该会歇斯底里地对爱情失望，抱怨生活的不公。但她从来不会这样对待自己的日子，不管别人给了她多大的折磨，都不能阻止她热爱思考、热爱活着的每分每秒。她想方设法带着母亲离开德国，并在逃亡途中遇到了海因里希·布吕歇尔，一个富有才华并且喜欢哲学的诗人。他们在苦难的日子里说着哲学有趣的地方，不断激发彼此思想上的火花，终于，他们相爱了。

经过漫长的辗转，他们到了纽约。当时所有在那里避难的德国犹太人都在想，很快会回去的，所以拒绝学习英文，布吕歇尔同样如此。但汉娜却要考虑如何生存，即便在纽约是暂时的，也需要经济支持。于是她开始学习英文，而且在一户不错的人家找了份帮佣的工作。

汉娜工作十分卖力，没有扭捏于哲学家的身份，但她不自觉流露出的哲学素养，让雇佣她的人家感到不可思议。于是更多时候，汉娜要做的不是家务，而是坐在雇主面前，同他们分享哲学思想的乐趣。

日子就这样看似坚信却平稳地过着，直到纽约聚集了越来越多的犹太人，她开始重新用思想生存，拿起笔来针砭时弊，剖析欧洲政局，拷问极权形态。她呼吁世界从个体、种族这样的狭隘划分中跳脱出来，不要附属于国家或阶级，应是为了爱自己、爱自己的生活而存在，所以她说："我这一生从来没有爱过任何一个民族、任何一个集体——不爱德意志、不爱法兰西、不爱美利坚、不爱工人阶级，不爱这一切。我只爱我的朋友，我所知道、所信仰的唯一一种爱，就是爱人。"

战争结束后，汉娜的成就已经震撼了整个欧美，她开始回到故土去创办讲座，出版书籍。人们为了纪念她，特地用她的名字为柏林一条街道命名。沿着她的路，勇敢地去爱，努力生活，过好自己，就像从未受过伤一样。

就像阿尔佛雷德·德索萨在诗歌里写的那样：

去爱吧，就像从来没有受到过伤害一样；

唱歌吧，就像没有人聆听一样；

跳舞吧，就像没有人注视一样；

工作吧，就像不需要金钱一样；

生活吧，就像今天就是世界末日一样。

莫舍己道，勿扰他心

你选择了一条这样的路走，就要准备好孤单前行，因为你无法强迫一个有自己选择的人来跟你同行。所以人生大部分时刻是寂寞的，即便如此，还是要走下去，总要对得起自己的执着。还有一点很重要，不要打搅别人的坚持。正是莫舍己道，勿扰他心。

人人都有自己的方向，并对此非常固执，黄宗羲就是如此。现在提到黄宗羲，想到的也许是历史教科书上那个清瘦的老头，以及他在哲学上的贡献。不可否认，他的思想远比他本人更为人熟知。但黄宗羲从生到死，都被孤独寂寞包裹着。坚持方向的人，大抵都是一样的。

黄宗羲的父亲黄尊素是明朝晚期的监察御史，这是一个可以监察百官的重要职务。这个时期正是魏忠贤的黄金时代，他几乎把控了整个朝政的舆论方向。以江南士大夫为主的东林党崛起后，成为与魏忠贤斗争的最大集团，黄尊素就隶属于这个集团，而且是当中首屈一指的智囊团。

正是因为黄尊素处处与魏忠贤为敌，才在1626年被诬告贪污，惨死在严刑逼供之下。死亡5天之后，尸体才从监狱中被拖出来，交给了他的长子黄宗羲。

那时黄宗羲17岁，他看着腐烂到无法辨认的父亲的尸体，痛苦到眼泪都被禁锢。他之前陪父亲进京时，知道此行凶多吉少，却没有想到阉党残忍到这种地步，而且根本无处申诉。这是他第一次如此赤裸裸地与黑暗的政治相遇，印象差极了，但这并不影响他对父亲忠于朝廷的信任与忠诚。他迫切地希望阉党倒台，不仅是为父亲报仇，也要清洗朝政的肮脏。但他才17岁，力量太弱小。

1628年，崇祯皇帝登基，阉党倒台，东林党得到昭雪。黄宗羲趁势进京为父亲申诉，当时毕竟年轻，愤怒远远胜于理智，在面对阉党时，他用事先藏好的铁锥狠狠插进了仇敌的胸膛。所幸的是，皇帝怜悯忠臣遗子，不仅没有难为他，反而追封黄尊素为太仆寺卿。

在之后的岁月里，黄宗羲选择了坚持父亲的道——与阉党余孽做斗争。虽然在科考中未能中第，但忠臣之后的名声足以让他得到许多政治家的垂青与提携。于是他在1636年参加了明朝晚期最大的政治团体——复社，义无反顾地投入到与阉党余孽直面较量的战争中。

1644年，清军入关，明朝覆亡。很多政治家和知识分子选择投降清朝，黄宗羲却不肯，原因很简单，他的父亲那样忠于明朝，他不能丢掉父亲的方向。于是他跟老师刘宗周一起扶持在南京建立的南明政权，可惜南明政权最终落在阉党余孽手中，他不得不逃出南京，流浪在各种政权之外。

清军以摧枯拉朽的态势横扫江南，黄宗羲有些绝望。他去探望老师刘宗周，希望能从那里得到些指点，可刘宗周已经奄奄一息，因为这位老人家为了表达对明朝的忠诚，多日没有吃东西、喝水，打算绝食殉国。黄宗羲看着已经无力说话的刘宗周，跪倒在地，狠狠哭了一场，那时心里便坚定了一个念头：反清。

回到家乡浙江余姚，黄宗羲跟弟弟黄宗炎、黄宗会组织了一支反清队伍，名叫“世忠营”，并带着队伍投靠了当时由明朝宗亲鲁王在绍兴建立的明廷，与清军正面交锋过多次。清廷方兴未艾，小明廷却是苟延残喘，作战能力根本无法相提并论，黄宗羲带兵败退也在情理之中。

败退的黄宗羲带兵在山中安营扎寨，而此时鲁王早已不知去向，黄宗羲安顿好士兵，告诉为首的将军，千万不要下山去叨扰百姓，自己则去寻找鲁王下落。谁知黄宗羲刚走，将军就带人烧杀抢掠，激起民怨，最终被山民剿杀，全军覆没。

黄宗羲行在半路，听到这个消息，浑身的血液变得冰凉刺骨，那些微小的希望都逐个破灭了。4 年之后，黄宗羲终于在一个荒岛上找到了鲁王。他精心辅佐，尽管每天只能在一艘破旧的小船上办公，只要守着明朝余温，就感觉热血沸腾。为了重新纠结一支反清的军队，黄宗羲东渡日本，希望日本伸出援手，却无果而归。

在日本发生了什么史料没有记载，只是黄宗羲回来之后就归顺了清朝，再也没有公开出现在反清的阵营里。人人都道他变节，甚至连他的亲兄弟都这样认为。然而黄宗羲却是转为私下供养反清团体，还谋划了不少军事活动——1659 年，郑成功的反清战役，就有他的功劳。

可惜，郑成功失败了。黄宗羲最后一点寄托落空，彻底心灰意懒。他想想自己已经年过半百，不知道还能活多久，只知道此生是无法看到反清复明的那天了。于是他决心归隐，不再参与任何与政治有关的事情，只想一个人好好想想明朝为什么会亡。

他坚守的方向一直未变，只是方式发生了改变，但他的好友、兄弟无法谅解。他们追随他反清，他却中途变卦了。黄宗羲试图解释过，但没人愿意相信。的确很难相信，归隐后的黄宗羲每天只知道读书，还跟清廷的官员合办了书院，这看上去就是对清廷的臣服，他的亲朋好友自然很愤怒，甚至跟黄宗羲决裂。然而黄宗羲没有去说服或动摇朋友、兄弟的方向，他想人人都有执着，就不要去打扰。

很久之后，人们才知道，黄宗羲之所以跟清廷合作办书院，是为了培养一批优秀的学生进入清廷的统治中枢，从清朝内部将其瓦解，这或许需要一段很长的时间，但它的确比武力更有效。

带着误解与自我的坚持，黄宗羲去世了。令人奇怪的是，他去世前嘱咐儿子，他死后要赤身裸体入葬石棺——不穿寿衣，同时散开头发。散开头发，儿子可以理解，因为明朝的很多遗民生前不得已扎了辫子，死后希望通过散发来展示气节。但裸葬，他实在想不通，即便不拘礼节，不穿华丽的寿衣，起码也应该有件衣服蔽体，否则很容易招来蛇虫鼠蚁啃噬尸体，尤其是葬在不防蛀的石棺里。儿子试图反抗黄宗羲，却被黄宗羲批评说他是逆子。无奈之下，只能遵从黄宗羲的遗愿。

人们纷纷猜想，黄宗羲这么做意欲何为？有人说他超然物外，赤条条来，赤条条去；有人说他年少遭遇父亲惨死，尸身腐烂令他难以释怀，所以也希望自己的尸身快快腐烂。

不可否认，黄宗羲的确希望尸身快些腐烂，倒不是对父亲惨死有阴影，而是他觉得自己愧对父亲和老师——他终其一生在反清，却以失败告终；他的父亲和老师都以身殉国，他却苟活于世，而且晚年的反清方式并没有得到亲友的认可，孤孤单单地走完了余生。这些事情都在折磨他，让他觉得除了让自己快些腐烂之外，没有更好的方式来表达自己的悲苦与忠诚。

我想了很久，都找不到合适的词语来总结黄宗羲的一生，直到在一次偶然的机会看到索达吉堪布的著作，才恍然大悟。

堪布写道："法王如意宝临终前在我的耳边响起的最后的声音，就是我今天所讲的八个字。这八个字有不同的翻译，包括英文、藏文，也有不同的理解，但我今天以我的理解，翻译成汉语'莫舍己道，勿扰他心'。'莫'是不要，'莫舍己道'就是不要舍弃自己的道，不要舍弃自己的道心，或者是道德的'道'。'勿扰他心'，就是不要扰乱他人的心。"

莫舍己道，勿扰他心，黄宗羲一辈子都在做这件事。他坚持自己反清的方向，不受他人意见摇摆，而他也没有在孤苦时强行要求亲友跟他做同样的事。正是如此，才会格外孤独。

人生渺渺，为人处世的原则、方式奇多，然而终究不过是这样八个字：莫舍己道，勿扰他心。

Part 03

放低忧伤，才有好时光

你总觉得日子过不好，不是别人的问题，

是你太忧伤了，或者说，你太高估你的忧伤了，

好吧，是你小题大做了。

有些事情并没有那么糟，是我们渴望得到怜悯而把它放大了。

仓央嘉措说得好，

这世上，除了生死，哪一件不是闲事。

心是老宅，住着几个旧人

心是一座老宅，住着几个旧人。那旧人还是年少的模样，不是现在饱经沧桑的他。所以不要担心，那个年少的旧人，永远不会再出现了。

他们在我面前吵架，越吵越凶。这不过是一次短暂的相聚，我们闲聊了几句，竟然就有一些哀伤戳中她的敏感。

他们是我的同学，男人跟我在初中同班，女人是我高中文科班的语文课代表。我从来没想过，他们能走在一起，而且是在离开家乡后，他在北京，她则远在成都。这个世界真是充满了爱的巧合。

女人给我打电话，因为我们毕业后就失去了联系，对于彼此的生活了解得很少，所以她的声音早已变得陌生。这通电话的目的不是叙旧，而是工作上的往来。并不奇怪，她是个天生的外交家，一起读书时就明艳活泼，是很多人的挚友。工作后，她从成都到北京，开始在庞大的同学网里找寻可以使用的关系，找到我，顺理成章。

她约我见一面，谈谈合作。我应约去了她住的地方，门打开，是一张堆满笑容的男人的脸。让我惊讶的是，这个笑容我曾非常熟悉，只是分开太久，不能确定是不是我认识的那个人。我无法知晓自己的神情，大概是惊诧又慌乱。男人笑着说："不记得我了吧！"

在屋里坐了许久，我还是没能从惊讶中回过神。他们交替说着，说当年他们考大学时，一个考到北京，一个考到成都。大一寒假回家跟几个要好的朋友聚会，然后相识，并很快相恋了。长达四年的异地恋随着各自毕业而结束，女人几乎没有犹豫，来到北京跟他一起奋斗。

"我记得你是在第一中学读初中的，所以我就问他是否认识你，谁知道你们竟然是同班同学。我那天告诉他你要来，他也跟你一样惊讶得要命。"女人还是那样活泼，说话快而利落，音调很高，有一种不容否定的气势。

工作谈了没多久，接下来的整个下午都在叙旧。是同乡，又是同学，有许多共同认识的人，聊起那些人，总是能勾起年少青涩的回忆。沉醉于这样的亲切之间，最容易失了警惕，说着说着就扯出一些旧人——他的初恋。

他的初恋我也相识，那时刚读高中，晚自习后就看着他骑着自行车载着一个漂亮的女生，从我身边风驰而过。女生坐在他的身后，见到我红着脸颊跟我摆了摆手。我也同样的惊讶，女生是我的学姐，也是我的邻居，怎么都不会想到他们会在一起。他们这段恋情，漫长而轰动，我们都是知道的，大抵是因为他算是学校里出色的人物，学姐也有几分沈佳宜的模样。

谈起学姐，他很沉默，目光低垂，只是笑着端水喝。尽管久远，女人说起这段往事还是有些醋意，不免冷嘲热讽着问他是不是很怀念那段时光，因为过年回家，他们还见到了学姐。他抬起头，看不出是否愉快，只是反问她说：“你呢？你怀念你的那段时光吗？”这似乎是个不友好的回应，女人在面对爱情时，常常处于下风，敏感而不自信。她没有听到男人的正面回答，脑海中便自动替男人做出了回答：“怀念”，否则为什么要把话题转移到她的身上。女人越想越生气，言语上也愈加刻薄，最后演变成争吵。

你说，爱情是不是杀伤性武器，在情人手中，可以自保，也可以伤人。同时，爱情给了人另一对耳朵，听到的总是一些若有若无的弦外之音；还有另一双眼睛，看不到他们这段缘分多么奇妙，只看到彼此曾经的感情多么笃定。我想，爱情是所有人的软肋，不管这个人有着多么强大的力量，只要碰到爱情，都会痒会痛，会患得患失。

这样的争吵，是不需要劝解的，因为双方平静后，自然觉得刚刚蠢极了。我只是想告诉未来的你：旧人是记忆，是经历，早已融入生命。如果不是经过他们，又怎会成就现在的我们。在我们的身上，多少有他们当年的痕迹。这是不可避免的。

直到现在，我还是能想到那个初秋的午后，我坐在院子里翻书，忽然一阵脚步声响起，我根本不用抬头，就知道是他来了，内心的欣喜全都写在了那刻我仰起脸和他对视的笑容里。我们的心是个宅子，住着陈年旧人，不是现在的他，而是现在的他的过去式。不用刻意去忘记，因为根本不会刻意去想起。

投入钟情的事，是一种治愈

你可能不会相信，投入是一种治愈。但你一定无意中试过，失恋的时候忘我工作，有一天会突然发现“我已经好几天没有想起他了”。在悲伤时去做一件想做的事，是最有疗效的疗法。他们要伤害我们，方法有千百种，而我们治愈自己的方法一定比他们多一种。

老友失去初恋时，我很担心她，因为我知道那段恋情对她来说几乎耗尽心血。他们算是国内比较早的一批网络情人中的一对，中学时在 QQ 尚未出现的聊天室里聊出了感情，大学时确立恋爱关系，毕业后她打算去他的城市。一个北方姑娘，孤身到南方，我和她的父母保持了一致的意见：不赞成。当然不能赞成，她对他的了解仅限于网络。网络是他的面具，面具下的脸孔是否狰狞，很难判断，风险太高。

那一晚她哭着给他打电话，说所有人都反对她去他的城市，“我们该怎么办？”我在夜色下陪着她，第一次见她哭成这副模样。我并没有同情，只有不理解：天下怎么会有这么傻的人！然而事情并没有因此结束，他竟然在隔天晚上，大包小包地出现在我们宿舍楼下。他说他接了电话，想了一夜，实在是舍不得就此分手，如果她不能去，他就来她身边好了。

两人就这样开始了一段特别甜蜜的爱情。毕业典礼后，他和她租了一个三居室中的最小卧室，算是共同生活的开始。她那时是铁了心要嫁给他，不管贫穷还是富有。然而想在这个城市立足，需要耐心和勇气，他显然并不具备。只过了两年，他跟老友说："跟我回家吧，回我的家，不用交房租，我家有自己的店，不用这么辛苦为别人打工。"然后他开始规划自己的理想，说他为他们的将来做了怎样可靠的打算。此时的老友，有一份前景不错，最重要的是她很中意的工作，她很难像两年前那样为爱不顾一切。

这场协商最终没有达成，以分手为结局。他走了之后，老友几乎每天都要靠酒精才能入睡。我每天发无数条短信确认她还活着，然后下班后去守着她，那半年的周末，我都是同她一起度过的。有一天，她毫无征兆地说："我想创业，回老家。"

我很惊讶："你从来都没跟我提过。创业也可以，为什么要回老家？"

她说老家现在有一个不错的机会，可以让她重新来过。这是一件好事，虽然我很失落，但也不能阻挡一件好事的发生。

她回家了，起初还经常跟我联系，后来慢慢拉长了联系的时间间隔。我每次打给她，她都说很忙，一会再回给你。大约一年多后的一天，她说要来这座城市办事，一定要见我一面。

那晚我们像从前一样，躺在一张床上，聊了整整一个晚上。说起初恋，我问她是否痊愈，她说，当初之所以想回家，有机会创业是次要的，主要是她的父母不再放心她，催促她回家。回家后开始筹划工作，越来越忙，连我的电话都没时间回复。不知道忙了多久忽然想起，她已经很久没有想到他了。原来投入想做的事，是可以忘记痛苦的。

多年后我看到一本书，西蒙·温彻斯特的《教授与疯子》，讲述了一个关于《牛津英语词典》编写的故事。《牛津英语词典》的编委会向民间征集词条，从1880年开始，一个名叫威廉·迈纳的人源源不断贡献词条，前后累计超过一万条。一万个词条，意味着这个人不仅有严谨的文字表达能力，还有渊博的学识。主编詹姆士·莫瑞打算感谢迈纳，也想结识一下这位学习能力超乎寻常的人。他按照信封上的地址，来到一家疯人院。“应该是疯人院的院长。”他这样猜想。然而出乎他的意料，迈纳不是院长，而是这里的病人。是的，他是个疯子。

迈纳曾是一位医生，因为在南北战争中目睹生死而崩溃，后因举枪杀人而被送入疯人院监禁治疗。20年来，他全身心投入在编纂词条的工作中，通过这种方法来让自己平静，并减轻心中的罪恶感。

那时我更坚信，投入，是一种治愈。

跟迈纳相似，《罗热同义词词典》的编写者罗热也是一位通过编写词典来治愈心灵的人。罗热患有家族遗传性精神障碍，他的外祖母患有慢性精神不稳定；他的母亲患有神经缺乏症；他的叔叔割喉自杀，死在他的怀里；他的妹妹和女儿先后精神崩溃。他虽然相对健康，但个性偏执、内向，难以与人交际，对于脏乱十分恐惧。这样的个性，让他成为一个出色的医生，并在19世纪初的曼彻斯特建立公共卫生规范。这个城市的脏乱让他难以忍受，只能通过编写词条来赶走他内心的忧郁和焦虑。

编写词条算是他的性格带给他的礼物，他从小就喜欢做这项工作，他发现编写词条是件非常有秩序的事情——清晰、有逻辑、整洁。这种秩序感让他非常兴奋，不再消沉、焦虑，甚至可以度过家人先后精神崩溃、自杀的绝望。

心理学家指出，全身心投入一件自己钟情的事情，可以减轻压力。之后我慢慢学习这件事，当感到焦虑时，去做一件最想做的事情，精神会由此振奋。如果遇到你，我愿意在你焦急彷徨的时候，陪你投入地做一件你喜欢做的事情。

很多事，不是非要等到成功才能去做

“等我成功以后要好好陪你”“我买房就结婚”“我减肥成功就去表白”……你以为成功之后的享受更尽兴，却没想到在尚未成功时就已经失去了享受的机会。所以还犹豫什么，要陪伴就现在陪伴，要爱就现在去爱。

我难得才愿意坐两个小时车去登一次山。去的时候并不知道，那里有一座香火很旺的古老庙宇，我下山之后才发现，那里进出很多僧人，以及穿着僧衣的居士。既然是古迹，也该进去看一看。穿过佛堂，绕过佛塔，里面有一片开阔的树林，悬挂着五彩经幡，这才知道原来是一座藏传佛教的寺庙。刚刚从山上下来，非常想坐在一个凉爽的地方好好歇歇酸胀的腿脚，这里，恰好。

树林居高，视野便因此开阔，坐在石凳上，看着山下的一片片民居，耳边听着虔诚的佛教徒的诵经声，竟然就想这样一直坐下去，不问昼夜，不理春秋。我跟同行的人说：“坐下去怕是非要出家不可！”她笑着说：“你才舍不得。”

我说：“这么好的风景，应该带家人来一次。你妈妈礼佛那么虔诚，要带她来才好。”

她说：“我想着在这里有了自己的房子，再让她来，不然现在来，只能住在出租屋里。”

我笑着环顾左右，看到一个穿着宽大僧袍的男子，闭眼盘坐在不远处的石椅上。他是短发，戴着眼镜，消瘦单薄，显得袍子空空荡荡，就像一杆旗。

“这个侧脸可真像我的同学，有八九分像，只是比我同学更瘦了一些。”我说。大概这世上，短发、戴眼镜的瘦子，长得都是差不多的。

也许是听到了我在说话，也许是我打扰了他的清净，他转过头来盯着我看。这一看，我大吃一惊，他哪里是像，他根本就是。他也同样一副不可思议的神情，“我听到就像你在说话，但我想，不可能遇得上，这要多大的缘分才能偶遇。”他住在这座城市的西边，我住在这座城市的东边，我们在城市的南边相遇了。我们在一座城，却两年未见，只通过电话保持联系，竟在这里遇见了。这是我活到现在，最巧最巧的一次遇见。

“你是佛教徒吗？从未听你提起过。”这是继偶遇他之后，我的第二个惊愕。

“不过一年吧，没什么值得特别说明的，信仰是很私密的事情。”他缓缓说，就像一个有修为的僧侣，透着一点看破红尘的超脱。

我们一同坐下来，看着远处的城市，我忽然想起来，问道：“你怎么瘦成这样？”

他说：“十二指肠溃疡，这也不能吃，那也不能吃，越来越瘦。”

“现在好了吗？”

“正在好，没有痊愈。医生说多半是精神压力大引起的，说要治病，先要治好我的生活——不熬夜、放轻松。好像做不到！”他苦笑。

我说：“这个城市，谁的压力不大。不要放在心上。压力这个东西，越在意就越大。准备结婚了吗？或许结婚后会好一些，起码有个人一起分担。”

他半晌没有说话，似乎有很多话讲，但始终没讲出口，大概是因为我身边还有一位朋友。后来我们各自分开，坐上了不同方向的地铁。我还未到家，他的电话已经追了过来，顿了良久，悲伤地说：“她嫁人了。”

今天的第三个惊讶，是个坏消息。

她是他的女友，相处五年，我们都认为，他们结婚只是时间问题。他爱她，这毫无疑问，只要说一个细节便可知：她经常牙痛，又酷爱甜食，每次吃完不管怎么刷牙，都要经历一场痛苦，她最爱讲“牙疼不是病，疼起来很要命”。为了帮她戒掉甜食，他不仅再也没买过，甚至陪着她一起不吃，此外每天必须发信息提醒她：不要吃糖，不要喝饮料，不要吃蛋糕。怕她忍不住，他就拜托了她身边所有亲近的同事和朋友：“你们帮我看着她，我每个月请你们吃一顿大餐。”我有时揶揄他：“你是处女座吧！”

他就是这样细腻地爱着，她怎么就嫁给别人了呢？“她说，因为我总不娶她，她不确定我是不是要跟她过一辈子。我当然要跟她过一辈子，只是我还没奋斗出一间房子，事业也没有起色。我想着有一天，有房、有车、有事业，再娶她，这样她就不需要跟着我吃苦。可她就是不明白，说我讲的这些都是不愿结婚的借口。一年前我们分手了，昨天她说她结婚了。”他说。

我这才恍然大悟，他为什么突然有了信仰，为什么精神压力大到患病，为什么今天那样安静地坐在经林之中，这不过是在自我拯救。然而我并不确定，他即便从这段割裂的爱情中走出来，下一次是否会犯同样的错误。

是的，这是个错误。他以为很多事都要功成名就之后才能享受，比如更风光地迎娶爱人、给爱人一个更好的生活，却忽视了，女人在一段感情里的脆弱与不自信。金庸在《连城诀》里写狄云被万圭污蔑偷盗钱财并和其小妾偷情，戚芳不相信狄云偷钱，却很难不相信他面对如花似玉的女人不为所动，尽管她的师兄憨厚朴实，而且对她爱得忠贞。这就是女人的不自信，强过了所有笃定的爱恋。

其实，很多事，不是非要等到实现某个目标之后才能享受。想拥有一次旅行，想和爱的人表白，想吃一顿丰盛的大餐，想回家看望父母，想买一件心仪已久的东西，想做一件想做的事……就趁现在，因为这是你此刻的心愿，等到几年之后再去完成，幸福感已经打了折扣。

我挂掉他的电话后，立刻给一起登山的伙伴发去一条信息：“想带妈妈到我们去的寺庙，那就快打电话，即便住在出租屋里，也是此时此刻就能获得的幸福。不要等到妈妈更老了。”

成功的悲伤面孔

你觉得成功一定是快乐的吗？你认为怎样算成功？你认为成功之后要做什么？你认为什么样的人可以成功？你觉得你现在算不算成功？人生这么长，要把哪一刻当作终点？

我第一次知道奥本海默这个名字源自一部跟战争、物理没有丝毫关系的电视剧，哥伦比亚的《丑女贝蒂》，没错，就是那个被许多国家翻拍的励志电视剧。贝蒂在被一群流氓嘲笑“你真丑，真可悲”时，她漂亮地还击：“你们知道什么是最可悲的吗？最可悲的是爱因斯坦发现了相对论，后人却用它来制造原子弹；最可悲的是奥本海默试图用制造原子弹来威慑纳粹和日本，好让战争早点结束，挽救更多人的生命，而美国政府却把它当成武器，要了更多人的命。”

那时阅读水平有限，而且网络不发达，我无法知道奥本海默是谁，直到大学时在一堂选修的演讲课上，老师发给我们一份奥本海默的资料。

“你们认为，成功是什么？”那位老师40岁出头，皮肤白净，文质彬彬，每次上课穿的都是老派的西装，就像从20世纪三四十年代走来的上海男人；头发梳得整齐，永远二八分，露出已经上移的发际线。天气再炎热，领口的扣子也系得牢牢；冬天在衬衫外加一件毛背心，外套是一件灰色的毛呢大衣，四方格子的围巾，整齐盘绕，尾端收在了大衣领口里。进了温暖的教室，他慢慢地脱掉外套、围巾，整齐叠好，放在讲桌的一端。

成功是什么？我那年不到20岁，对爱情懵懂渴望，对事业没有企图心，想着最大的成功，应该就是和相爱的人组成一个家庭，有稳定的收入。男生好像不这么想，他们野心勃勃，认为成功应该是有名有利，就像当时鼓舞了很多年轻人创业的比尔·盖茨一样。

老师点点头，继续问：“成功之后快乐吗？”

“当然快乐。”男生们很有自信地高喊。

“我们今天的演讲题目是，成功的悲伤面孔。我把材料发给大家，给大家一堂课的时间分组讨论，下堂课上台演讲。”

就这样，我读了一段奥本海默的往事。

奥本海默1904年出生在纽约的犹太人家庭，家境殷实，在溺爱中长大，性格敏感、孤僻，却非常聪明，他21岁时从哈佛大学毕业；23岁时从德国哥廷根大学毕业，获得博士学位，主要研究量子物理；不到30岁成为美国伯克莱加州大学物理学教授。不管怎么看，这样的年轻有为只能跟骄傲画上等号，无法用悲伤来形容。

1942年，美国政府启用了研制原子弹的“曼哈顿计划”，年仅38岁的奥本海默被选为这个计划的实验室主任，领导6000名来自世界各地的优秀的物理学家。起初很多政府官员质疑他，联邦调查局甚至有1万多页关于他的档案，认为他对美国政府的忠诚度并不高。但“曼哈顿计划”的主持者戈罗夫斯将军非常看好他，认为他的才华和领导能力完全可以胜任这个工作。

奥本海默没有让人失望，他和他的团队用了27个月制造出世界上第一颗原子弹。这在物理史上是一座里程碑，改变了整个物理学的进程，单纯从学术上来说，这的确是件令人兴奋的事情。然而奥本海默并不兴奋，因为他知道原子弹的威力有多大，“一个10立方厘米的氘化铀能将自己炸进地狱”。他和他带领的几千名物理学家开始在道德上思考这次实验是否成功。

事实上，在研制期间，奥本海默就表现出担忧，他曾和同事们讨论：诺曼底登陆成功，欧洲战场的结束已是须臾之间，还有制造原子弹的必要吗？美国对人类使用这种大规模杀伤性武器是否正确？

奥本海默在政治上是个偏激的左派，他了解物理学家们的单纯，也了解政治家的凶狠，他说如果原子弹制造出来，我们就都注定活在永久的恐惧之中，但如果一颗炸弹能结束战争，是有必要让它问世的，但政府必须要让这种武器天下皆知，研制成果应该实现全球共享，如若不然，“下一次大战必定是一场原子弹战争，并会被用来进行突然袭击。”“如果我们能够在原子弹真正使用以前将原子能利用的资讯公开，美国的道德力量将会大大加强。”

奥本海默同意制造原子弹，却不愿意让这项技术成为全人类的公敌，并且反对用在毁灭一个国家上，他时常在实验室里焦躁地走来走去，嘴里嘟囔着：“这些可怜的人。”为此他和实验团队的高层科学家们一起上交了一份意见书，名为《对于立即使用核武器的意见》，内容分为两点：

一是美国在使用原子弹前，应该让英、俄、中、法四国知道，原子弹已经被研制，并邀请他们与美国进行技术上的合作，让原子弹成为改善国际关系的工具；二是参与实验的大多数科学家认为，用一次技术性演习取代真正的攻击，也可以起到震慑作用，有助于提前结束战争，而且不会伤及无辜。

然而政客们早就决定好如何使用原子弹，1945年8月6日，美军在日本广岛投下原子弹，杀了7万人；8月9日，长崎落下另一颗原子弹。6天后，日本投降。

此后的奥本海默一直处于焦虑状态，他在接受采访时没有一点兴奋和愉悦，只是用“恐惧”这样的词汇来形容自身感受，并沮丧地说：“有些孩子还未长大就要面对死亡。”然而此时他“原子弹之父”的名声已经人人皆知，而且很多人感谢他为结束战争做出的贡献。

1947年，奥本海默以国家原子能委员会总顾问、委员会主席的身份警告美国，不要跟苏联展开军事比拼，更不能因此而研制威力更大的氢弹试验。他之前作为一个狂热的物理学家，完成了最伟大的研制，同时也作为一个激进的左派，用原子弹提前结束了战争。可当剥离这两种身份后，他却无比悲伤，认为自己做了一件可怕的事情。在这种情绪下，他的身体迅速垮掉，再加上别有用心的人，利用他反对研制氢弹这点来攻击他不忠于美国，他最终患上了喉癌，并于 1967 年去世，终年 62 岁。

我至今感谢这一堂课，它在我未成熟的思想中埋下一颗辩证的种子，成功也只是事物的一面而已，另一面也裹着悲伤。事实上所有事情都是这样，好坏同体，是“双面镜”，就看你从哪一面望过去。

老头子和大胡子

尊严是最脆弱的盔甲，爱护它，它可以抵挡枪林弹雨；摧残它，它很容易四分五裂。不想被摧残，就要学会爱护别人的盔甲。

苏联有位教育家叫苏霍姆林斯基，他的闻名程度恐怕只有从事教育的人才懂得。他在《给教师的建议》一书中写了这样一段话：

“只有教师关心学生的尊严感，才能使学生通过学习而受到教育。教育的核心，就其本质来说，就在于让儿童始终体验到自己的尊严感：我是一个勤奋的脑力劳动者，是祖国的好公民，是父母的好儿女，是一个有着高尚的志趣、激情和不断取得进步的完美的人。”

老师在一定程度上是学生尊严的守护神，但很多老师并不知道，老头子就不知道。老头子是我读高一时的班主任、语文老师，说话刻薄无情，又喜欢倚老卖老，所以我们私下这样叫他。记得在评说《雷雨》的时候，老头子讲："我一直不喜欢萍这个名字，浮萍，无根漂浮，苦命之相。竟然很多人喜欢给女孩子取这个名字。"他撇着嘴，摇着头，脸上写着一句话"这个名字没文化"。他说完之后，我们齐刷刷看向班上那个叫萍的女生，很多人脸上带着惊奇或嘲笑，那女生羞红了脸，头都要埋进了书本里。

我们上课都要小心翼翼，不知道哪个举动就引来老头子的冷嘲热讽。渐渐地，除了几个拔尖的学生，其余的同学在他课堂上总表现得非常紧张，也从不主动回答问题。然而我对他的厌恶，是从高一第一篇作文就已经开始。

作文题目是《谈眼泪》，我引用科学家对眼泪的定义，以及童年时看的《大西洋底来的人》中麦克尝了伊丽莎白眼泪后说的"它和海一样咸"的桥段。我反复阅读，认真修改了所有病句和错别字，这才整整齐齐地抄在了作文本上。然而就当我满怀期待得到好评的时候，老头子却在我的作文下写了一行刺眼的红字："作文应多从真情实感出发，不要抄袭他人作品。"我看完后涨红了脸，心狂跳不止，紧紧按着作文本，拒绝了任何同学要看一看的请求。

那年16岁，我拿着作文本哭着问母亲，他凭什么说我抄袭。语文作为我的长处，似乎从此以后再也不值得我骄傲了。整个高一我只有一个念头，我要在高二分文理班的时候去文科班，绝不留在老头子的班上。许多年之后，我想明白了，他之所以无凭无据断言抄袭，终究是因为我不是一个学习成绩优异的学生。他或许认为，成绩平庸的学生就毫无长处，除了抄袭，无法写出一篇成熟的文章，这样的学生不值得爱护，不值得培养。他的武断，毁了我的尊严，和整个高一生活。

戏剧的是，同样的作文事件在大一期间也发生了。

初上大学，又是这样一座活力四射的城市，新生在忙着适应和融入新生活，生活主旨围绕着“多逛街、多交友、多参加社团活动”展开，对于学习，再也没有高中时的热情，对于老师布置的作业，也有了懈怠之心。

大一时教《基础写作》和《大学语文》的是同一位老师，他一年前才结束了德国学业，钟爱卡夫卡和尼采，留着德国人喜欢的大胡子。原本年轻的脸，却刻意显得那样沧桑。他让我们写一篇读后感，可以是任何一本书。

那年我的文字梦想，正逐渐迷失在这座城市的灯红酒绿之中，正在体会什么是“乱花渐欲迷人眼”。我终日看到的只有宽阔的马路、时尚的男女、天南海北的美食、漂亮的衣服，以及身上急于褪去的土气，认为时间应该用来好好跟这座城市做朋友，而不是写作业。浮躁的心情，根本无法按捺，所以在学业上非常敷衍。我找了本读了很久却没读完的《听黄仁宇讲中国历史》，从“世界资本主义”那章摘了几段，潦草地加了头尾，就这样交了上去。

我想，大学老师看作业不会太认真，不过是施展老师的权威而已，他的私生活恐怕比学生还要繁忙。我没有意识到，当时对人那样草率的判断，有多像老头子。

事实上我错了，大胡子不仅认真看了每个人的文章，还选出最优秀的三篇在全班朗读，其中有一篇就是我的。

他当着全班人念我的名字和文章，并且最后说“这位同学应该是做了充足的准备，对黄仁宇先生的大历史观足够了解才能写出这样的文章”时，他真诚赞许的眼光和全班同学投来的倾慕目光让我无地自容。我第一次深切感觉到，敷衍、抄袭、不负责任是多么卑劣的行为。我跟高一时一样，抬不起头来。

我被自己的所作所为狠狠讽刺了一次，高一那样痛恨老头子说我抄袭，大一却用抄袭换来大胡子的赞美。从那以后，大胡子每次布置的作文，我都会到图书馆，找个离书架最近的位置，尽可能地挑选需要的书，认真地完成。

毕业多年后，我在地坛书市看到一个身影，特别像大胡子。我喊了他一声，他转过头，果然是他，但他显然已经不认识我了。我热情地跟他打招呼，仔细地让他回忆起我是谁，最后还是用那篇抄来的作文让他有了点印象。

我问他：“您知道那篇是抄来的吧？”

他说：“知道，我读过黄仁宇的全部著作，也读过别人写他的书。”

我又问：“在课堂上当众表扬我，是想让我知耻后勇吗？”

他摇摇头说：“我当时想，假如我从未读过那本书，也不会怀疑那样老辣的文章可以出自一个学生之手，因为有才华的年轻人太多了。不过我的确想通过表扬来提醒你，更重要的是鼓励你，或许有一天你真的可以写出那样的文章。”

不知道大胡子现在做什么工作，我想如果他一直当老师，会是个出色的老师，因为他懂得如何守护学生的尊严。倘若时光倒转，我还是想坐在他的课堂上，沐浴着午后慵懒的阳光，在一片昏昏欲睡的氛围中听他慢悠悠地讲课，看他不自觉扶着眼镜，用德国式的刻板讲一个笑话，然后在下课时好好对他说一句：“老师，谢谢；老师，再见。”

不快乐，你不是一个人

以后再刷朋友圈，看到别人晒幸福的时候，为了自己的心理健康，要始终带着“你也有糟心的事，只是怕被我们知道而已”的想法。

“我把每天刷朋友圈的次数，强行降到了两次，因为我发现，我越是沉迷朋友圈，越是不快乐，总会萌生一种‘为什么他们过得都比我好’的想法。看看朋友圈里，不是今天去旅行，就是去吃了美味的食物，要么在好玩、新奇的地方约会。再看看我，收入一般，还总是在加班。”“奇妙小姐”坐在我对面，用吸管喝着一听可乐，右手拿着手机，食指在上下滑动，看着朋友圈里的更新。我说：“你跟我聊天还刷朋友圈！”于是她说了这段话。

你见到“奇妙小姐”，就会知道我为什么要取这个代称。她说小学毕业的那个暑假，爸妈带着她到首都旅游，那时见很多人拿着顶端可以折成90°的吸管喝饮料，觉得特别洋气，因为她生长的小县城，很少见到。

她在天安门广场与1997年香港回归的倒计时牌合影，看到路边一个老大爷推着小车卖饮料、雪糕，她跟爸爸要钱去买了一罐可乐，等着找钱时特地跟老大爷要了一支吸管。老大爷当时愣了一下，问："吸管？"她使劲点头。老大爷和蔼地说："我找找有没有。"她感到很奇怪："这么洋气的东西，怎么能没有？"老大爷终于翻箱倒柜找着两包，她高兴地挑了一支可以折成90°的插在可乐罐里。

因为吸管太长，一路上，她不得不用一只手扶着，防止它倒下。就这样还是觉得特高兴，哧溜哧溜地吸，每咽下去一口都发出"哈"的满意之声。她爸爸说，这样"哈哈哈"会着凉的。但她沉浸在洋气的氛围里无法自拔，结果沿途都在打嗝，一个接一个，有的还特别响。

后来她就养成了习惯——喝饮料必须插吸管。"后来我到北京生活，才发现大家只有在喝瓶装北冰洋的时候用吸管，我特别傻。可慢慢地，我发现，听装饮料插吸管成了我的个性与标识，别人提到我就说'就是喝一听可乐还插根吸管的那女孩'，还挺有辨识度的。"

"奇妙小姐"是不是很奇妙？

"你看看小李，又买一堆化妆品，太有钱了。"她一脸的艳羡。

小李，我们朋友圈中的共同好友。她和她的老公都毕业于日语专业，都在一家旅游公司工作，负责日本团。自从日本和中国的关系交恶，中国人疯狂砸同胞用血汗钱买的日本车，攻击日本企业开始，旅游公司就跟他们夫妻说："歇一阵子吧，日本团暂时不接了。”就这样，他们失业了。现在，小李在一家化妆品经销公司工作，该公司将每季度卖不出去的化妆品，一般是些中样、小样，以非常低廉的价格卖给员工。这些，“奇妙小姐”都不知道。

其实不快乐的不是“奇妙小姐”一个人，大多数人都有不足为外人道的难堪，只是不能发在朋友圈里而已。就像《守望者》里有一个故事：

一个人很抑郁，所以去看医生。他跟医生说生命太残酷，他感觉自己在危机四伏的世界里孤身一人。医生说：“很简单，今天晚上伟大的小丑帕格里亚齐在城里有演出，你去看看吧，应该会让你高兴起来。”这个人突然痛哭，他说：“我就是帕格里亚齐。”

很多时候，我们的不快乐，是因为低估了别人的负面情绪体验。这是斯坦福大学心理学家亚历山大·乔丹发现的。他为了证明这点，让他的实验团队邀请了 63 名志愿者描述他们近期发生的快乐和忧伤的事情。结果，这些人更善于隐藏忧伤，描述的多是快乐的事情。

接着，他罗列出这次实验中最常被提到的几件事，交给另外 80 名志愿者，让他们计算自己在过去两周内有多少次类似的经历，之后再让他们预估同龄人有多少次。结果，80 名志愿者高估了别人经历快乐事件的频率，低估了别人经历忧伤事件的频率。简单来说，他们都觉得别人比自己快乐，自己比别人倒霉。

在接下来的实验中，乔丹将目标人群定位为挚友、恋人。他邀请 200 名学生当志愿者，让他们每个周末在博客里写一篇文章，用来描述这一周的快乐和忧伤体验。一个学期后，他们要指定一个好友或恋人来评估他们这个学期的情绪体验。

结果发现再亲密的关系也没能阻挡他们对志愿者快乐情绪的高估。但乔丹发现，志愿者在写博客时有意压制了自己的负面情绪。也就是说，我们不仅低估了他人的负面情绪，同时也不希望他人感知到我们的负面情绪。

乔丹指出，长期高估别人的快乐、低估别人的忧伤，对我们的心理健康是一种摧毁——我们会感到孤独，对生活满意度变低，更容易陷入忧郁。

对于我们来说，这个实验的意义在于：不快乐，不仅很正常，而且你绝对不是一个人。就像很多人羡慕宫崎骏有成功的事业，有愿意为他放弃自己事业的妻子，但他却告诉人们，他有一个视他为仇人的儿子，父子俩基本上不见面。

现在来看那句老话，“家家有本难念的经”，是不是更容易理解了呢！

当时觉得是苦难，现在看来是寻常

当时觉得痛苦，之后回头看，那只是漫长人生中的一个经历而已。就像你是一个导演，从监视器里观望你的人生，欢喜、悲苦，不过一出戏中的一场而已。今天结束，明天继续。这场戏，至死方休。

我的生活里从来都不乏糟糕的经历：

2011 年，我为台湾眷村选题做准备，采访一位来自眷村的和蔼的叔叔。他答应为我提供一切我所需要的素材，我则答应他图书出版后一半版税归他作为报酬。两三个月的采访，一周或两周采访一次，这要取决于他的时间安排。

每次采访几乎是竭尽所能多挖掘一些东西，不知不觉 5 个小时就过去了。我那时才相信，回忆过去是件特别累人的事情。眼看着这位年近 60 的叔叔不断抓着脑袋，说，“可能是这个样子，我也记不清了”“你要给我时间好好想一下”“不是 1978 年，应该是 1980 年”“我要打电话回台湾去问问我大姐才知道”。我有些愧疚，特别是碰到一些不美好的回忆，我要像变态杀手一样残忍地撕裂人家已经长好了几十年的伤口，还觉得非常过瘾。

同样，听并引导别人讲 5 个小时的过去也非常辛苦。我想起有个朋友负责某企业家传记，采访 10 次，每次五六个小时。她说回到家脑子真的是嗡嗡作响，躺在床上不愿跟任何人说话，要休息一天才能稍稍缓解。

接下来整理采访资料，是一件令人头痛但兴奋的事情。虽然之前有采访提纲做指引，但人的记忆不会完全按照纲领来前行，总是有一些跳跃、交叠、重复、错乱。所以清理出一条清晰的脉络，就必须砍掉所有横生的枝节，最终再将枝节散落在主线中来丰富文章。过程中遇到一些恍惚不清的细节，要一一罗列，统一发去追问究竟。这是个需要极大耐心和专注力的工作，而我的耐心时常走丢，于是我会焦虑、烦躁，极端时会狠狠地关掉电脑，想着要放弃。但没一会儿还是打开电脑，像个跟爱人吵架输掉的人一样愤愤却不舍。然而完成后，会有一种难以言喻的成就感。

在写完第一章内容时，已经跟出版公司签订了出版协议。但当我完成全部稿件后，编辑告诉我因选题敏感，不得不终止合同。我并不沮丧，因为此时有很多出版社向我抛出橄榄枝，他们开出了各种诱人条件，比如有庞大的新书发布会，届时会有各方媒体关注；比如按照我预期的版税签约，甚至可以更高。他们也尽力表达真诚，某个编辑刚刚在电话里跟我表达了合作意向，两个小时后就出现在我住的地方。那段时间，我的人生不断重复一个词——受宠若惊。

你此时一定猜想，我随便选择一家出版社，从此功成名就，走上人生巅峰。我也多么希望事情是这样的走向。结局却是，我精心挑选了一家出版社，带着愧疚拒绝了其他人，结果这家出版社在让我改稿4次之后告知我："我们领导想把眷村做成一个系列，已经找到不少台湾眷村的作者联系版权，你这本没有图片，恐怕是没有竞争力。"

"可是你当时激动地跟我说，是看了我的文稿才知道有眷村这么个地方，这是在过河拆桥吗？"我心里不断这样想。

那时的我，就像是在众多优秀对象里，千挑万选出人品最差的一个的悲剧妇女。

"当然，如果你能找到照片，还是可以继续洽谈合作的。"对方的口吻变得疏远。

我很不甘心，接着开始四处搜寻眷村老照片，我让叔叔在春节回台湾期间翻找，他说搬了很多次家，老照片都没有了；我也找了在台湾的内地交换生帮忙拍一些现存的眷村的照片，但他那时已经回到了内地。我忽然泄气了，打算主动放弃合作。

此时再回头去找其他出版社，他们已经站在主动的位置上设法压价了，我就此失去优势。最终跟一家出版社以低廉的价格签约，就像贱卖了自己的孩子。即便如此，合同也形同虚设，出版变得遥遥无期。到最后，策划编辑辞职回家，因为她考上了老家的公务员。我那一场火热的激情竟成了黄粱一梦，苦涩得让我难以睁开眼睛。

这些跌宕，持续了一整年。与此同时，我的身体正在经历一场巨大的折磨——双腿起了不知名的红疹，一开始以为是蚊虫叮咬，加上眷村选题繁忙，就没有理睬。谁知后来，红疹变成了水泡，越来越大，越来越多，竟发展到70多个。

就这样，挤水泡成了我打发时间的一个乐趣。可它们并不友好，挤掉，还会再长。白天忙于工作并不觉得，晚上放松后却是瘙痒难耐，有时忍不住去抓，抓破了，痒变成疼。出门也成了难熬的事，因为穿上裤子，水泡全被挤破，犹如多了一层强力胶，紧紧粘在裤子上。回家一脱，就是连皮带肉扒下一层，那是一种撕心裂肺的疼。

眷村彻底无望之后，我也终于想起去看病。我掀起裤腿，医生眉头拧在一起，生气地问："为什么现在才来看？"

我知道了，它们是湿疹，而且大部分已经结痂，变得黑而硬。"这样就算康复了，黑色素也会很难消除。早点来看，就不会变成这样。你怎么熬的？"医生一点都不客气。

我想了想，将来两条腿上会有70多个黑色斑点，密密麻麻，也的确是缺乏美感，但转念一想，可以穿长裤遮盖，倒也没那么悲伤了。然而眼泪，还是会源源不断涌出来，在空无一人的操场里，在人来人往的马路上，在妈妈的怀里，在给朋友的电话里。成就和美，我都失去了。

当时觉得这是件天大的挫折，然而日子一天天过去，事情一件件面对，又会出现新的问题取代它们，时光很快就走了几年。

事实上，我又冒出了许多新的选题想法，完成了许多文稿，腿上的黑色素也褪去许多，可以自信地穿着短裤。我以为会影响我一生的痛苦，都在不断向前的繁忙里被遗忘了。《重返十八岁》中有句话说得好："你现在觉得天都要塌下来的坏事，将来看简直微不足道。"

没死呢，还要再活一会儿

活着是有很多艰辛，但惊喜、希望、愉悦、成功，也只有活着才能见到。既然活着，就不能苟且，总要有那么一些力量，支撑我们去远方。活着，并且痛快地活着，不为什么，就为了这难得的身体。

彼得·辛格，哲学教授，20 世纪 70 年代著有《动物解放》一书，该书被翻译成 20 多种文字，在全球几十个国家发行。人们是从这本书里读到了动物的权利，知道了动物也有感知的，应该平等地对待他们，而不能想吃就吃。也是从他开始，这个社会诞生了许多动物权利运动。这样一个为动物说话的人，无疑是可爱的。他在全球拥有众多粉丝，特别是喜爱养宠物的人，更加喜欢他。但鲜有人知道，他是一个倡导杀死残疾婴儿的人，他说对于那些有高度残疾的婴儿，在出生 28 天内，父母有将其进行安乐死的权力。他说这个社会应该是越快乐越好，而那些残疾人在长大后会为自己和家人带来数不尽的痛苦，所以应该在他们出生时就结束掉未来的痛苦。

于是，美国的残疾人组织和基督徒们称他为“邪恶一号”，并把他归为和希特勒一样的为保证“优质人类”而进行屠杀的刽子手。

在诸多反对声中，有这样一个人特别具有说服力。她叫哈莉亚特 · 约翰逊，一个残疾女人。她患有肌肉萎缩症，40 多年来，她亲眼看着自己的肌肉一点点消失。“我的身体就是一张挂在一堆骨头上的皮而已，现在我的脊椎成了一个扭曲的 S 形，为了支撑我的上身，我把肋骨倚在大腿上，将胳膊肘支撑在我的两膝之间。”她说。

然而她并不是个柔弱的人，她经过多年学习成长为一个有名的律师，为许多有名望的人做过辩护。她针对辛格教授的言论，跟他展开了一场电视辩论。

她问辛格：“你凭什么认为我的父母要在我是婴儿时杀掉我？”

辛格说：“因为你活得很痛苦，你的家人也因你而痛苦。”

她问：“你怎么知道我痛苦？怎么知道我家人痛苦？我要告诉你，我很快乐，我爸妈也很快乐。”

辛格说：“如果你是个健康人，你的爸妈会更快乐。”

她问：“你这么确定？”

辛格回答道：“所有父母都希望自己的孩子健康。就算是领养孩子，也会挑一个身体健康的。”

她继续问道：“领养孩子的人还都希望领养白人孩子呢。难道黑人孩子不如白人孩子吗？你说的是偏见和歧视，不是伦理道德。”

辛格坚定地说：“给自己和别人造成痛苦，就是不道德。”

她说：“你怎么知道是痛苦，而不是快乐？”

辛格：“你怎么知道不是痛苦？”

两个人争辩了许久，没有谁胜谁负。但这涉及一个非常严肃又严重的问题，生存是不是每个人具有的权利？约翰逊告诉人们，是的，不管活着多艰难，多辛苦，也必须活下去。

然而，活下去，这么简单的道理，却成为当今世界难以解决的难题——太多人选择自杀。世界卫生组织在2014年9月公布了一组数字：全球每年有80万人死于自杀，平均每40秒就有一个人自杀。在中国，每年有28.7万人自杀身亡，200万人自杀未遂。为了有效预防自杀，世界卫生组织规定每年9月10日为世界预防自杀日，全球有28个国家建立了“国家级预防自杀战略计划”。

活着真有这么痛苦吗？

我第一次有这样的疑问，是那个女生从宿舍楼一跃而下的时候。那个女生在自杀之前，是所有平凡、不起眼的高校女生中的一员。或许我们曾经在校园遇到过，但因为彼此都太普通而难以留下深刻的印象。当她从宿舍窗台飞走之后，全校都流传着关于她的故事。

版本有许多，概括起来无非两种，一种是感情纠葛，另一种是学业压力。传言都说她喜欢一个学长，但学长挑选了另一个漂亮的学妹，她因爱而绝望，试图用死亡来让学长刻骨铭心。这种说法太像狗血的言情小说，却偏偏流传最广，甚至有人将其做成了FLASH，放在学校的媒体上，当悲情的故事结束后，会突然出现一张可怖的女鬼脸庞，吓得很多女生惊叫连连。

说她学业压力大，也许有些可信。她的家庭并不富裕，或许父母对她的期望很高，然而她的学习成绩实在普通，面临毕业，连实习单位都没有找到，压力大到产生抑郁，精神恍惚不是不可能。有一点似乎能证明，她并不是从自己宿舍的窗台跳下去的，而是在隔壁宿舍聊天时突然有了跳楼的举动，身边同学根本来不及阻止。

活着真有这么痛苦吗？佛家说诸漏皆苦，一切未得圆满之法的生命，都是苦：

生苦，生下来要经历被产道挤压的痛苦；

病苦，每一次生病都是一种不想回头的痛苦，更何况还有无法治愈的绝症；

老苦，年老之后，容颜不再，行动迟缓，受人嫌恶；

死苦，一个长寿的生命不过百余年，之后一样回到六道轮回，怎能不痛苦；

爱别离之苦，与挚爱分别，是人人都必然经历的痛苦，父子兄弟、至爱亲朋、缠绵恋人，即便不是因天灾人祸分开，最终也会被死亡分开；

怨憎会之苦，能跟意气相投之人相聚，自然是开心的事，但偏偏世上有那么多我们怨恨、憎恶的人，无论我们多么努力避开，但依旧会碰到。这种痛苦，恐怕要一直持续到生命的尽头；

求不得之苦，这是我们最常遭遇的痛苦。我们有太多欲望，不是每一个都能得到满足，比如一个不爱我们的人，一样买不起或买不到的东西，一种不能吃的食物，求不得的实在太多；

五阴炽盛之苦，五阴成身，是前面七苦的根源。

人生八种苦难，人人不能幸免。然而因为这样就要舍弃生命吗？佛陀说，人身难得，佛法难闻。人是不能自杀的。人身有多难得？佛陀拿起一把沙土，接着松手，只有指甲里残留一些。他问弟子："是我手中土多，还是大地土多？"

"大地土多。"弟子们回答得毫不犹豫。

佛陀说："现在的人像大地的土一样多，来世还得人身的，像我手上的土一样多。"

就是这样稀少珍贵，所以我们要好好珍惜自己的身体。佛陀说痛苦有方法可以解决，比如修行，但前提是活着。一旦死去，堕入不知道哪一道轮回，或许当了畜生，或许当了饿鬼，痛苦要增添千百倍。

所以好死真不如赖活着，一切好起来的希望，都要先活着才能实现。没死，就要好好地多活一会儿。

欲知来世果，今生做者是

你想要什么样的生活，就要付出什么样的努力。佛说这世上万事万物都逃不过因果循环，种什么因得什么果，你遇到了什么果，要想想之前种过什么样的因。想求得好事，就要做更多好事才行。

古朴的村落里有一座山，山上有一座光明寺，香火旺盛，虔诚的信徒遍布四海。光明寺下有个农夫，名叫阿宝，是信徒之一，常常到光明寺供养和尚，听和尚讲经布道。

有一天傍晚，阿宝听完佛经下山回家，经过一片荷塘，听到青蛙凄惨的叫声，他寻声而去，发现一条蛇正缠着一只青蛙，眼看就要吞进肚子里去了。阿宝慈悲心起，拿起锄头赶跑了蛇，青蛙得救。

几天之后的一个深夜，阿宝正在酣睡，迷糊中被一些声音吵醒，仔细一听，是青蛙的叫声。阿宝以为是梦，便又合眼睡去。可青蛙叫得越来越大声，声音也越来越近。阿宝从床上坐起，点燃烛台，想赶走青蛙，却忽然看到罩着床的帷帐之上有个破洞，一条蛇正从破洞中奋力爬进来。如果不是洞口狭小，蛇早就钻了进来。也幸好青蛙叫醒了阿宝，否则蛇冲破帷帐也只是时间问题。

阿宝眼见此景，不由惊出一身冷汗，慌忙间找来一根木棍，将蛇打死。就在扔掉蛇的刹那他才发现，这就是前几天要吃青蛙的那条蛇，“难不成是因为我从它口中救下食物，所以对我怀恨在心，来报复我吗？上次我救青蛙一命，今晚它倒救了我一命。”阿宝越想越后怕。

过了一年多，阿宝早已经把这件事忘得一干二净。他养了一条狗，白天帮他牧羊，晚上看家护院。这条狗对阿宝极为忠诚，而且聪慧乖巧，似是能听懂人话，每当阿宝跟它说话，它都目不转睛地看着他。阿宝对它十分喜爱。

一天下午，阿宝做完农活，突发奇想带着狗到光明寺听法。寺里的老和尚见到阿宝的狗，脸色骤变，急慌慌地对阿宝说：“你这狗送给我，让它在这里看护门庭吧！”

阿宝一愣，不知和尚为何跟他要狗，于是问：“法师寺庙里闹贼了吗？何须用狗看护？”

和尚摇头说道：“你这狗前世是条蛇，被你打死，这一世投身为狗来你身边，就是为了报仇。”

阿宝笑道：“这怎么可能，这狗对我温顺至极，聪明伶俐，帮了我不少忙，怎么会是来报仇的呢！”

和尚说：“世人愚痴，看不透这世间因果报应。你听我一言，这个月初五，你不要在屋里。用草扎个跟你一般大小的假人，穿上你的衣服，放在床上。你躲起来，自己亲眼看看。记住，不要让狗看见你扎草人。”

到了初五这天，阿宝按照和尚说的提前扎好草人放在床上，自己则躲在床后。正午时分，房门忽然被撞开了，那只狗变得凶猛无比，直朝着床奔来。阿宝从未见过一只狗会如此凶残，它红着眼睛，用锋利的尖牙去撕咬床上的草人，片刻便将草人撕咬个粉碎。

阿宝惊怒之下，拿起身边的长棍冲出去将狗打死了。

转眼又是一年，时光流入秋季，暖中带冷，天气爽朗，阿宝早早起床上山砍柴，路过光明寺，恰好遇上了老和尚。

老和尚看见阿宝便说："阿宝，你今天要当心，如果听到有人叫你，你千万不要答应。"

自从去年那件事之后，阿宝对和尚深信不疑，叩谢之后便到山上砍柴。

秋天的大山，色彩斑斓，绿色渐渐消退，红色和黄色的树叶挂在枝头，有一种别致的迷人的美。在这色彩之外，笼罩着清晨的薄雾，阳光穿越而来，被薄雾推搡着散开，散成满目柔和的金色。阿宝一边砍柴，一边欣赏着自然美景，浑然忘我，十分舒畅。就在此时，不知从何处传来一声幽叫——"阿宝"，这声音充满了甜蜜，好像恋人的呼唤，阿宝不自觉应了一声，并问道："谁在叫我？"

那声音又道："阿宝！"

阿宝顺着声音，在薄雾中隐约看到一个女子的身形。渐渐走近，女子的脸庞逐渐清晰。那是绝色美颜，世间少有，置身金光之中如同仙女一般。然而等到身形完全清晰，阿宝大惊失色，那女子下身明明是一条巨蟒。

他转身就逃，一口气逃到了光明寺。他跪倒在和尚面前，求和尚救救他。

和尚叹口气道："我那样叮嘱你，你却偏偏要应声。那是美人蛇，我帮不了你，你回家等死吧！"

阿宝听到此处，心里一横，说道："法师就算救不了我，也请留我在寺庙里，我想死在这里。"

和尚见他可怜，说道："也罢，我尽力救你一次，能不能活，就看你的造化。"

和尚找来一口水缸，让阿宝坐在大殿中央，将水缸倒扣在他身上，说："无论如何都不要出来。"

入夜之后，美人蛇找到佛殿里来，见阿宝不出来，便用身体紧紧缠绕住水缸。

第二天一早，和尚到大殿一看，美人蛇缠着水缸，已经死去。而水缸里的阿宝，也因为美人蛇的毒气而窒息。

和尚把阿宝和美人蛇葬在了一起，希望他们能化解这一段恩怨。然而不久之后，阿宝的坟墓上长出一棵大树，美人蛇的坟墓上则长出一根粗壮的长藤。长藤死死缠着大树，无论和尚怎么用力，都无法将其分开。

和尚叹息道："佛陀说因果不虚，果真分毫不差。"为了警醒世人因果的严苛，他用大树做了木鱼，用树藤做了木鱼槌，每敲一声，都是一句"因果"。

佛陀说："欲知前世因，今生受者是；欲知来世果，今生做者是。"

世间事情，恩恩怨怨，爱恨情仇，都是有因有果，不用挣扎，也不必烦恼。如果想得好事，就要做更多好事。千言万语，那句老话最好"且行好事，莫问前程"。

Part 04

成长的解药

成长不容易吧！

我懂得，这大概是一次脱皮换骨的过程，

忍痛知道了许多残酷的真相，不得不接受自己变成一个世故的人，

必须学会承担从前父辈承担的责任，

还有爱情，它变得不那么纯粹，似乎只是为了繁衍后代……

或许，是时候换个方向看待成长，

它不仅让我们痛苦，也带来许多意想不到的欢乐。

做一道菜给你，一把谎言，一勺鸡汤

你嘲笑了多少鸡汤文，又在不知不觉中读了多少？现在安静下来想一想，这些文章是不是真的像你说的那样一无是处？你又在哪个时刻被这些文章鼓舞？阅读的真正意义在于令人有所收获，不管是知识上的、思想上的，还是精神上的。有些文章的确缺乏深度，却总是能激励很多人在困苦中前行。

这是一道非常滋补的、可以令人变得强壮的“佳肴”，一把谎言再加一勺鸡汤。“做菜”的叫田单，这道菜是“保卫即墨”。

公元前 279 年，历史上最早的一次反攻即将拉开帷幕，幕后策划者是齐国大将田单。

当时的齐国只剩两座城池——即墨（今山东平度）和莒（今山东莒县）尚未被燕国攻破，燕国大军先行攻打莒，久攻不下，转而攻打相对薄弱的即墨。田单这个人打仗从来不按常理出牌，没人知道他要干什么，也没人知道他这么干的目的是什么，用司马迁的话来说，“兵以正合，以奇胜。善之者，出奇无穷。奇正还相生，如环之无端。夫始如处女，适人开户；后如脱兔，适不及距；其田单之谓邪！”

田单在组织反攻前做了一系列“莫名其妙”的准备，他命令城内百姓每次吃饭前都要在庭院里摆放部分饭食来祭祀祖先，他则对着天空发呆。很快，田单等来了他要等的东西——一大群飞鸟。飞鸟定时盘旋在即墨上空，壮观之外也令人恐惧，特别是让驻扎在城外的燕国大军感到恐惧，他们不知道这是哪门子天象。

田单对着成群的飞鸟，突然露出一种“天助我也”的神情，然后用激动的音调疾呼：“这是神仙要救我了，神仙要派人来当我的师傅，教我如何保住即墨。”这时，一个小兵冲出来没头没脑地说了一句：“我能不能当神仙派下来的师傅？”小兵说完就后悔了，拔腿想跑。田单一把拽住小兵，高兴地叫道：“对，就是你，你就是神仙派给我的师傅。”

小兵吓得魂不附体：“我就开了一玩笑，活跃一下紧张的气氛，将军不能当真，我什么本事都没有。”田单不管小兵说什么，只是恭恭敬敬奉其上位，此后的所有命令都称出自“神师”之口，被尊为“神谕”。

从那以后，“神师”不断发出许多振奋人心的言论，大大增强了即墨百姓守城的信心。它就像每天出现在朋友圈里的鸡汤文一样，读了令人奇妙地具有力量。

除此之外，“神师”也会说一些摸不着头脑的“神谕”，比如“即墨人最怕的就是割鼻子”“即墨人最担心的是祖坟被挖，那是奇耻大辱”。百姓不知道这些“神谕”是什么意思，只知道“神师”说的就一定有道理。

这些“神谕”自然传到了燕国，鸡汤类的，让燕国人有些慌张，不知上天是否真的要帮即墨；而那些奇怪的，则让燕国人十分兴奋，以为抓住了即墨的痛脚，让他们不断对投诚的即墨人或即墨的俘虏进行劓刑（割鼻子），还挖了不少即墨百姓的祖坟，把死人拖出来焚烧，他们以为这样会对即墨造成震慑。可恰恰相反，即墨百姓因此对燕国人恨之入骨，反而斗志昂扬，发誓要把燕国人赶出齐国。

就这样，田单用谎言和鸡汤激发起百姓的反抗意识和必胜的信心。百姓自觉入伍，跟守城将士一起建筑工事，日夜操练，就连妇女都编入了民兵。田单为了鼓励百姓和士兵的昂扬斗志，把所有家产都拿出来犒劳士兵。这场反攻的基础迅速夯实。

与此同时，田单撤下了所有强壮的守城将士，换上了老弱妇孺，营造了一个即墨孱弱的假象。他修书一封给燕国时任攻城大将的骑劫，表示愿意投降，并以一副贪财的模样乞求骑劫能保住他的家产。骑劫以为要兵不血刃拿下即墨，于是松懈了戒备。

就在半夜时分，即墨城门顿开，从里面涌出许多燃烧的“怪物”，把燕国士兵吓得四散奔跑，节节败退。其实这是田单早就设好的计谋，他把城里一千多头牛聚集在一起，命人在牛身上画上五彩花纹，牛角上绑上钢刀，牛身披黄色绸缎，牛尾绑上点燃的苇草。牛因尾巴燃烧受惊，狂奔不止，荡起了烟火与尘土，后面紧跟五千名即墨士兵，声声喊杀，震彻云霄。

燕国士兵身在异国他乡，本就不愿恋战，此时面对突如其来的“怪物”更是拼命逃跑。这就是历史上著名的“火牛反攻”，是齐国收复失地的开始。

在管理学上有个类似的理论，叫“鲶鱼效应”。

一群挪威渔夫发现，沙丁鱼是一群好静的家伙，捕捞后不久就会死在水箱里，不如活鱼卖得贵，而在放沙丁鱼的水箱中放一条它们的天敌鲶鱼，会让它们保持活力，在市场上卖出更好的价钱。

后人将这种方法用在了管理中，将其称为“鲶鱼效应”。在一群没有干劲、像沙丁鱼一样的员工中，放入一个活力四射、勤奋好动的鲶鱼型人物，会有效刺激起沙丁鱼员工的竞争心理，让他们爆发出潜能。不过事情总有另一面，鲶鱼型人物的下场通常不太好，由于表现太与众不同而不合群甚至被人敌视，最后一定饱受排挤。这是很多人即便可以做鲶鱼，却要做沙丁鱼的原因。这个时候，就需要有“神师”来安抚人心，增强所有人的信心，让鲶鱼更有活力，让沙丁鱼更臣服于竞争机制。

这一切太熟悉了，只要打开朋友圈就一定会看到类似具有激励作用的文字。我不知道这类型文字从什么时候开始风靡，也不知道又从何时起它们饱受诟病，被人抨击，“鸡汤文”甚至被睿智的人们视为“无知”“浅薄”“自欺欺人”的口水文章。

真是有趣，从前我们那么痴迷鸡汤文，也曾受到不同程度的激励，今天却变了脸孔，对其大加讨伐。然而事实却是，我们依旧在夜深人静，没有旁人干涉的环境里，拿出手机，点亮那一篇篇鸡汤文，独自享受。

我曾做过一件事，就是鼓励很多朋友不要去读鸡汤文，然后自以为是地推荐了许多名家之作给他们。有一天，有位朋友跟我说某机构在筹划给农民工建流动图书室，正在募集图书，他问我是否有可以捐出的图书。我兴致勃勃地整理了许多名著给他，他看着一摞书皱起了眉头："你这是给农民工看的？"

"是啊！都是很经典的图书。"

"你觉得他们会看吗？"

"为什么不会看，你就这样小看他们的求知欲吗？"我当时觉得自己很伟大，好像就要成为别人的人生导师一般。

他沉默了半晌，说："那就这样吧！万一有人喜欢呢！"

大概半年后，他邀请我去看已经建好的图书室。那里面积不大，更像一个阅览室，里面坐着十几个农民工，有的在看书，有的在看杂志。我站在书架前看了看，那些名著上落了一层灰，一副无人问津的模样。再看看他们手上拿着的，都是那些被我嗤之以鼻的鸡汤类书籍。

朋友对我说："他们干一天活很累，读书是一种消遣，也是一种力量。名著的确很好，但他们真的读不下去。"他指着书架上被翻了无数遍的鸡汤书籍说，"这些虽然营养不够，但他们觉得从中获得了力量，这就足够了。"

一语惊醒，就是这种感觉——那些连生活都无法保障的人，哪里有时间去啃读名著，简单易懂又传递正能量的文章更适合激发他们的斗志。于是我想明白了，管它是谎言还是鸡汤，能带去力量就好。就像即墨的百姓收复失地那样，去收复自己生活中的失地不是一件很棒的事情吗！

有些“好奇心”，是一把刀

好奇心，是位老朋友，许多人总是好奇别人的生活，最好是不幸的生活——好奇别人一个月赚多少钱，是不是比我多；好奇别人有没有恋人，是不是比我的恋人可爱；好奇别人闲暇时间都去哪儿，是不是过得比我多姿多彩。好奇心人人都有，只是，你要判断它是改变世界的创造力，还是望向别人生活的窥探欲，以及你如何hold它。

安阳被诊断为抑郁症，不是抑郁情绪，不是短暂的心情低落，而是切切实实地成了一种病症，需要药物介入。这种病在当今社会实在常见，所以心理医生称它为“精神感冒”，大概10个人里就有1个人患有抑郁症。

在过去的一年里，安阳只是觉得大部分时间不快乐，直到前不久变成了夜夜难寐，身体虚弱，经常低烧头痛，注意力无法集中，上班时精神萎靡，这才意识到需要管理自己的健康。当综合医院的医生建议他去看心理门诊时，他开始思考是从什么时候起自己的状态竟变得如此糟糕。

应该是从这一年大家对他的过度关注开始。

安阳 31 岁，是这个城市里无数大龄单身男青年之一，也是最常被逼问“为什么不恋爱”“为什么不结婚”的对象之一。在 30 岁之前，这些问题对他来说没有丝毫杀伤力，总觉得时光还慢，岁月还长，自己还年轻。一过 30 岁，年龄不仅不是挡箭牌，反而变成了磁铁，不断吸引锋利的箭头，箭箭戳在软肋里。

这一年里，部门的老大姐、年轻的女同事，甚至连清洁阿姨都在追问他：“你怎么还不结婚？你难道是 gay？”大家的好奇心不断高涨，或许是跟他刚刚晋升有关。职位越高，越容易成为舆论的众矢之的，“他们找不到你工作上的差错，就用这种方式来刺激你”，他是这么认为的。

无论如何，同事的好奇心渐渐变成压力。他开始烦恼，甚至想租个女朋友来让他们无话可说，但冷静后又觉得可笑，“何必因为他们而改变自己的生活！”

这一年的夏天，公司组织整个公司员工，包括其他城市分公司的员工，浩浩荡荡一百多人，来到了热带的海边度假。安阳因为位高权重而分到了单独的房间，这份宁静来得太及时。

他刚刚洗了一个热水澡，还在浴室里哼哼哈哈唱了几首不完整的歌曲，里面混响效果好极了，心情也痛快了许多。正准备躺下摆个舒服的姿势看电视，门铃响了。他打开门，是个熟悉却叫不上名字的男同事。

男同事在分公司上班，每年做汇报时才会回到总公司。他们就只有那时才会碰面，算是点头之交。

“有事吗？”安阳问。

“没什么，就想找你聊聊天。”男同事笑着。不可否认，那笑具有亲和力，让人很难推辞。

男同事很风趣，也有见识，两人在很多问题上的看法出奇地一致，这让安阳欣喜若狂，觉得终于在公司找到了志同道合的人。他们那晚聊了许久，从公司聊到了个人，从现在聊到了未来，相见恨晚。

第二天晚饭后，两人自然而然组成一个小队，一起去喝酒，继续天南海北地聊。只是其他同事的目光变得古怪，甚至有人小心地问安阳：“你俩什么关系？”

“又来！”安阳在心里抱怨，“能是什么关系，同事呗！”

那人一脸的不相信，讪笑着问：“看你俩关系挺好的！你是gay吗？”

如果现实生活里有消音音效，他想用一串脏话回应他。但教养和理智让他尽量克制：“你什么意思？”

那人持续讪笑：“没什么，没什么，就是好奇，随便问一问。”说完转身走了，其他同事却对那人露出了会心的笑容。

之后的几天，安阳都跟那位男同事走得很近，晚上常常聊到凌晨三四点。在假期结束的前一天，男同事喝得酩酊，突然问安阳：“你喜欢男人吗？”

安阳顿时懵了：“你是其他同事派来整我的吗？”

男同事苦笑着说：“他们说你是，所以我才接近你。”

安阳吼了一声：“我不是！我是一个地地道道的直男！有病吧，你们！”

男同事忽然不作声，抬起头来时双眼通红：“我没病，我以为你感到我喜欢你，愿意接受我，才肯跟我这么亲近。”

安阳这才彻底明白，同事们对他的私生活好奇得过了火，竟然开始凭着自己的想象揣测他，把他不结婚、没女友直接定义为不喜欢女人，甚至招惹了真的“同志”来爱慕他。

第二天搭乘飞机回去，他特意跟男同事保持距离，然而依旧有人在好奇地询问：“你们吵架了？分手了？”

在之后的日子里，无论他如何卖力工作，都无法使同事减少对他私生活的窥探。他周围都是眼睛，好像都在等待他宣布出柜。那一定是个重大新闻，他们要争相拿到第一手独家资料。就从这个时候起，安阳的情绪出了问题——他开始恐惧去上班，变得疑神疑鬼，哪怕有人无意地看他一眼，他都觉得那人不怀好意。他为此变得小心且具有攻击性，原本和蔼的性格长满了尖刺，谁都别想靠近他。

当然，安阳没有崩溃到歇斯底里，只是不快乐的时间越来越多，从前一周可能有一两天压抑，现在增长到三四天。跟心理医生聊过之后，情绪舒缓了许多，但很快又陷入抑郁的泥沼。

即便如此，那些好奇的同事还是不肯罢手，并且多了对他身体状况的好奇。“你是不是生病了？”“什么病？看医生了吗？”他很长一段时间里，都无法分清别人给出的是关怀还是窥探，所以统统以冷漠应对。

最终，他决定辞职，先冷静地安抚情绪，然后再重整旗鼓投入奋斗。就在离职的前一天，同事们还在对他进行多种揣测——“是不是 gay 的身份被揭露了，待不下去了？”他狠狠地冷笑一声，再也不用装作一团和气，心里反倒轻松了许多。

我们对这样的“好奇心”一点都不陌生，它就鲜活地跳跃在我们周围，恨不得24小时贴着我们，看我们在离开他们视线时都做了些什么。我们都是受害者，也都是施暴者。在管理情绪中最重要的一课就是克制自己的好奇心，哪怕不是为了获得高职位、高薪水，也应该保持这样的教养。

有些“好奇心”是一把刀，伤害别人，也最有可能伤害自己。

晋文公称霸之后，最迫不及待要灭掉的诸侯国是曹国，这其中有一部分战略目的，但更多是一种私人的报复。

当年晋文公重耳还是公子的时候流亡到曹国，曹共公听说重耳骈胁，也就是腋下的肋骨连成一片，是一种天生的畸形，于是好奇心起，便在重耳洗澡的时候偷窥他的裸体，结果被重耳发现。

这对重耳来说是奇耻大辱，所以回到晋国准备争霸的时候派兵灭了曹国，并把曹共公抓来囚禁。

曹共公就这样因为好奇心而遭受了灭国之痛。我们要为控制不住的好奇心付出的代价，可能是别人的信任，可能是机会的错失，可能是感情的破裂，可能是难以弥补的遗憾……

为你制造快乐的人，不见得真的爱你

为你制造快乐的人，不见得真的爱你；但连快乐都懒得为你制造的人，一定不是真的爱你。这是两个问题，需要一段很长的经历才能弄清楚。在这个过程里，不要急着拒绝所有快乐，也不要在快乐中沉溺。保持清醒，这很难做到，却十分重要。

刘宏于公元168年即位，当时只有13岁。

他的前一任皇帝汉桓帝刘志是他的同宗堂叔，之前来往并不密切，若不是刘志膝下无子继承大业，刘宏也断不可能粉墨登场。不过能在众多皇族子弟中被选中，也从侧面证实了他有一定的长处，起码在当皇帝之前是有的，尽管历史对他的长处只字未提。

在史料记载中，刘宏从一露面就跟宦官之祸联系在了一起，不仅是因为刘志给他留下的是一个官宦当道的混乱朝堂，还因为刘宏对宦官有一种难以言喻的好感，这种好感来自中常侍（在寝殿伺候皇帝、皇后、太后的宦官）曹节。

刘宏进京的时候，曹节和光禄大夫（负责国务的高级官员）刘儵负责带着中黄门（在禁宫中干活的中级宦官）、虎贲军、羽林军等千人持节迎驾，这对新帝来说是有拥戴之功的，因此刘宏对这二人青睐有加也在情理之中，更何况曹节在寝殿工作，是刘宏接触最频繁、指点其宫中生活细节最多的人，心里难免会产生依赖。

对曹节的感激和好感，直接造就了曹节的位高权重，也间接让宦官群体在少年刘宏心里有了不同的位置，于是一场更为严重的官宦之祸轰然而至，给了所有知识分子官员一个更响、更有杀伤力的炸雷。

宦官们得到擢升，洋洋得意，不断扩张权势，贪污腐化，卖官鬻爵，随意进行人事任命，祸乱朝堂。以陈蕃、李膺为核心的知识分子们看不下去，上书要求少年皇帝能认清宦官嘴脸，削弱宦官权力，禁止宦官在朝政上指手画脚。当时刘宏14岁，不懂什么朝政、权术，只是坚定不移地信任朝夕相处的曹节。他拿到如雪花一样的攻击宦官的折子，第一时间找到了曹节，问曹节该怎么办。以曹节为首的宦官早就对李膺等人恨之入骨，他对刘宏说："虞放、李膺、杜密、朱宇、荀翌、翟超、刘儒、范滂等人都是奸党，应该把他们交给州郡府调查审理。"

刘宏问："什么是奸党？"

曹节说："奸党就是乱党。"

刘宏又问："乱党犯了什么罪行，要杀掉他们？"

曹节说："乱党犯下了颠覆皇权的罪行。"

于是刘宏下了一道诏书，地毯式抓捕乱党，凡是党羽都要铲除。

这场奸党案牵连了近千人，有约一两百人因此枉死，他们的家眷都被流放到苦寒之地；有六七百人被免职、流放，以及被迫逃亡。

公元 181 年，曹节去世，宦官张让接任曹节大长秋职务（皇后宫总管），成为刘宏身边的红人。除了张让之外，中常侍赵忠、夏恽、郭胜、段珪、宋典等人都备受刘宏宠爱。刘宏曾当着文武百官的面说过："张常侍（张让）是我父，赵常侍（赵忠）是我母。"

在刘宏豪爽的宠爱之下，宦官们的权势达到了鼎盛，在民间建起了堪比皇宫的高楼豪宅。某一天，刘宏突然想登高远眺，打算到瞭望台上看看自家的天下。宦官们怕皇帝看到外面的高楼豪宅，于是想方设法阻挠皇帝上去。他们说："古书上说了，天子不可登高，登高则民散。"刘宏对宦官的话从来都不怀疑，于是再也不去登高。

其实刘宏宠爱宦官还有一个更为重要的原因，那就是宦官对刘宏百分百的宽纵。宦官不像其他文臣武将一样心怀天下与百姓，他们更多的目的是借由皇帝赋予的权势来实现自己的欲望，因此不会用天下事来烦恼皇帝，也不会动辄晓以大义来提醒皇帝要关怀政事。皇帝在他们那里得到了恣意享受的空间，不管想玩什么，不管怎么玩，都不会听到反对的声音。维护宦官，就等于维护自己理想的快乐世界。

但是作为皇帝，只躲在吃喝玩乐里，就意味着对天下、百姓弃之不理。于是百姓愤怒了，公元 184 年，黄巾起义爆发，汉朝的寿命也随之走到了尽头。

可怕又可悲的是，即便民变四起，刘宏也意识不到自己的错误。郎中（宫廷禁卫官）张钧上书刘宏，痛陈张让、赵忠等人的恶行，并把黄巾军暴动的原因归咎于这些人身上，要求皇帝处死他们。张让、赵忠等十几个中常侍，脱鞋脱袜，摘掉官帽，恳请皇帝能网开一面，恩准他们去坐牢而不用送命，还说要献出全部身家。刘宏看到这一幕，悲痛不已，感动万分，不仅没有处置他们，反而怒斥了张钧。张钧后来被宦官诬陷为黄巾军，落入囹圄，被拷打致死。

深陷欲望泥沼的人很难看清一个真相：纵容你当欲望奴隶的人，表面上是在为你制造快乐，其实是在为你制造障碍。宦官们对刘宏是这样，刘宏对宦官们也是这样。

无论什么时候、什么环境、什么人，对方出于单纯的爱还是别有居心，一味实现你的欲望都是在为你亲手垒砌困境，因为在欲望里放纵的人只看得到自己和眼下，主观忽视了旁人的感受和周围的危机，迟早会面对一个巨大的难题，正如刘宏面临东汉的终结，宦官们最后也难逃正义之士的制裁。

这个理论可以套用在一切人际关系上，唯独在爱情上解释不清。他很爱你，心甘情愿骄纵你，只要你快乐就好，爱就是这么不讲道理；可一旦纵出你骄横的性格，他总有受不了的一天。这样为你制造快乐的人，应该是爱你的，却爱不长久。不过有一点非常清晰，如果连快乐都不愿为你制造的人，那一定是不爱你的。

没有口袋，却有自在

你看你每天都在努力装出一副快乐的样子——经常享用美食；一有时间就出去旅行，拍下许多风景分享在网络上；参加各种聚会，与认识和不认识的人打成一片；参加学习座谈会，讲台上的人说了什么不重要，让别人觉得你过得很充实最重要。回到家之后，还是无法弥补空虚与寂寞，快乐原来如此短暂。

有两个和尚住在山上的寺庙里，他们不靠善男信女来添香油钱度日，而是自己下山化缘。师弟非常能干，每次化缘都能收获许多钱财和粮食，化缘几天，可以保证几个月不愁吃喝。于是他更多时候是在寺庙里睡懒觉。

师兄不同，他每天都空手下山，空手而归，奇怪的是他竟然不为此焦躁，反而非常淡然。

有一天师兄看到师弟懒洋洋地躺在禅榻上，便问他："师弟，你怎么不下山化缘？"

师弟睁开眼睛，慵懒地说："我化来的那些粮食，足够我吃一阵子，不需要再去化缘了。出家人不能贪心，够吃足矣。"

师兄却摇摇头说："师弟，这么多年，你还是不明白化缘到底是为了什么。"

师弟有些不服气，反驳道："师兄你倒是很勤奋，每天都下山化缘，可你带回过一粒米、一袋面吗？你化缘都化到哪里去了？"

师兄平静地回答："缘在我心里。"

师弟听不懂，也不想听懂，哼了一声又倒头睡去。师兄哀叹一声，独自下山去了。

过了许久，师弟攒的粮食终于见底，他收拾好口袋下山化缘。可惜这次下山的收获，远不如从前那样丰盛，所得的粮食越来越少，只够几天吃喝。本来心有怨怼，但一看师兄依旧是空手而归，心里就平衡了一些，想着的确是世道艰难，人人家里富余不多。

这天晚上，师兄弟各自回到寺庙，师兄还是什么都没有，师弟问道："虽说世道艰难，我起码也有几个馒头，可师兄你怎么每天什么都化不到？"

师兄笑道："我化到很多呀！"

"在哪？"

"在我心里。"

师弟参不透师兄的话，但对师兄每天下山后的行踪产生了好奇，他打算第二天跟随师兄一起化缘，看看师兄为什么一无所获却非常快乐。

第二天一早，师弟带着口袋准备跟师兄下山。师兄却指着口袋说：“放下它，不需要。”

师弟愣在那里，问道：“不需要？那化来的东西放在哪里？”

师兄说：“自有去处。你这口袋里都是贪心，哪里还放得下其他东西，还是放下吧。”

师弟放下口袋，稀里糊涂跟着师兄下山去了。

这一路上，有许多户人家，几乎每户人家都在门口相迎，看到师兄来到便拿出钱财和食物相赠，还不停说着谢谢。

师弟疑惑，想着前不久这里的百姓连一个馒头都拿不出，今天怎么能拿出这么多财物，还要感谢师兄？随之询问布施的百姓：“你们为什么给他吃的，还跟他说谢谢？”

百姓们说：“前不久我们饥荒，要不是这位师父天天给我们送吃的，我们早饿死了。如今困境已过，自然要好好感谢师父。”

师弟这才明白，师兄不是什么都化不到，而是把化缘所得都赠给了饥饿的人们，心中生出几分敬意。但看着怀抱里无处安放的钱财、食物，又不免发起了牢骚：“这么多东西，没有一个口袋可放，该怎么拿回去！”

沿途向下，越走越远，布施的人和东西也越来越多，师兄弟二人只能尽力环抱。师弟忍不住说：“你不拿口袋，这些东西怎么拿回寺里？”

师兄还是那句话：“不急不急，自有去处。”

这时迎面走来一个农夫，穿着褴褛，手中抱着一个痛苦哭泣的孩子。见农夫愁容满面，师兄立即上前询问，农夫说自己孩子生病，没有钱医治，孩子难受得大哭不止。师兄连忙掏出身上的钱财，都施予农夫，让他为孩子治病。农夫感激涕零，带着孩子离开了。

行走不久，又遇到一个乞丐，师兄将身上的部分粮食送给了他。就这样，一路走，一路将化缘而来的财物送给穷苦之人，等到回到寺庙，已经是双手空空。

师兄问："师弟，你说你化到了什么？"

师弟无奈地笑道："这一趟，除了填饱自己的肚子，其余的都给了别人。"

师兄说："你知道化缘得来的是福，却不知舍掉的也是福。这世间，得失，来去，都是无常。可人们却错以为得来的不会失去，你看你攒了那么多粮食，也终有吃完的一天。你得到的时候快乐，吃完了就开始苦恼，所以你口袋里装着的都是贪欲，是你的舍不得。我没有口袋，没有贪欲，化来的东西随缘来往，非常自在快活。"

快乐在心，不在外境。

心里太多欲求，太多期待，那个叫作生活的口袋被这些东西塞得满满的，再也放不下别的东西。行程漫漫，负累太多，不扔掉一些，又如何痛快前行？只是这心，该如何调伏。

"这心，如何调伏？"有位国王也这样问过。

他是一国之主，有万里疆土，万民臣服，翻手为云覆手为雨，掌控着生杀大权，却驯服不了一头大象。这头大象是别国的贡品，因为知道这位国王喜欢新奇玩意而送给他。自从得到这头大象，国王就四处寻找驯象师，希望能将其驯服。但请来许多驯象师都对这头象无能为力，国王渐渐失望。

有一天，来了一个驯象师，自称能够驯服所有大象。国王大喜，让他试一试。果真，几天之后，大象变得温顺，国王可以骑在象背上出游玩耍。可在一次出游时，大象忽然发狂，朝着密林中奔跑，将国王从背上狠狠甩下。驯象师不住呼喝，却毫无用处。

国王惊恐之余十分恼怒，抓来驯象师质问："你说驯服了大象，为什么它突然发狂？你是故意让我以为它变得温顺，骗我坐上去，然后再让它甩我下来，摔死我吗？"

驯象师惶恐至极，跪在那里不断为自己辩解："尊敬的王，我真的已经驯服了大象，如果您不相信，可以等三天，三天之后，它自己会回来的。"

三天之后，大象真的自己找了回来，还是那样温顺。国王却有怀疑："你怎么证明它真的完全被你驯服？"

驯象师命人拿来一只铁球，将铁球烧得通红，他说："我可以下口令，让大象用鼻子卷起这个滚烫的铁球。如果它卷起来了，就证明已经被驯服，我没有说谎。但是您要考虑清楚，一旦它卷起铁球，就会被烧伤，甚至可能因此死亡。如果您真的喜爱它，请您及时制止，否则您将失去心爱的东西。"

说罢，驯象师发出指令，大象果然伸出长鼻向铁球走去。眼看就要碰到铁球，国王于心不忍，立即制止，并对驯象师说："我相信你已经驯服了它，不要伤害它了。但我不明白，你驯服了它，为什么它还会突然发狂，不听你的指令呢？"

驯象师说："我可以驯服大象的身体，却不能驯服它的心。当时它闻到母象发情的气味，控制不住情欲的召唤，便失去理智。"

国王于是感慨道："身体可调伏，这心，该如何调伏？"

佛教说，心不动则身不动。而心是这世上最难驯服的野兽，它贪婪、喜怒无常、温柔又凶残，是所有不快乐的制造者。如果要求快乐，怕是要把心都清空才能做到。

大爱和小爱

够了！听够了你在抱怨，“为什么他不能对我更好一点”“说好了爱一生一世，说变就变”。亲爱的人啊！这世上本来就不存在恒久不变的东西，如果你想经营、维系、延长爱的寿命，就不要总想着自己能得到多少，也要看看你付出多少才行！

这里有一份小爱。

佛陀住世的时候，在给孤独园讲经传法，发现有位比丘面有愁容，他用智慧观照，发现比丘在想念他的妻子。佛陀想教化他，便故意问道：“你在思念谁吗？”

比丘回答：“是的，世尊！我在思念我死去的妻子。”

佛陀说：“比丘！我来讲一段往事。”

在很久以前，迦尸国的国王阿沙卡失去了最爱的妻子乌巴里。他十分悲伤，吃不下东西，无法安睡，每天痴痴地想念着妻子在世时的一切美好，越想越难过，甚至觉得离开妻子后日子便枯萎了，还不如随她一起离世为好。如不是大臣和父母阻拦，他真的就要自我了断。

为了安抚自己的相思，阿沙卡不准旁人安葬乌巴里，而是将她的尸体用油膏包裹起来，还像从前一样放置在寝宫里。他每天看着乌巴里的尸体，不理会父母，不处理朝政，不关心百姓，只是这样坐着，一天又一天。

七天过去了，阿沙卡因为不思饮食而虚弱，躺在床上无法动弹。即便如此，还是尽力望着妻子的尸体，眼泪滚滚而下，就像永不枯竭的泉水。大臣为此焦心，一国之君颓靡不振，国家就会羸弱，他族一定会乘虚而入。于是他们想方设法为国王排忧，甚至四处请来神师讲法，都没能赶走国王的悲伤。

此时在不远的地方有位沙门，感知到国王经历的一切，想去教化他，却找不到接近他的方法。这天他在迦尸国的都城里打坐，如同一尊高贵的雕像，令人不自觉生出敬意。恰好有位婆罗门经过，看到沙门无比庄严，便上前打招呼。

当时的婆罗门教是印度的主要宗教，婆罗门教徒十分受尊重，就连国王都要礼让几分。如果有婆罗门的引荐，一定能见到国王，所以沙门一直在城中等待这个机会。

“你们的国王处世是否公正？”沙门问婆罗门。

婆罗门恭敬地回答：“国王处世非常公正，但他已经有七天没有处理朝政了，因为他最爱的王后死了，他伤心欲绝，躺在床上不吃不喝不休息。尊者！您可以去开导他吗？您这样的智慧，一定可以帮助他走出困境。”

沙门说：“我不认识他，见不到他。不过年轻人，如果国王愿意来找我，我会告诉他王后轮回在何处。”

婆罗门一听非常高兴，立刻到王宫禀报国王。

没什么比知道王后此时在何处更令国王振奋的消息了，于是他拖着孱弱的身体来到沙门修行的地方，虔诚而悲戚地跪倒在地，希望沙门能施展神通，让他见到朝思暮想的王后。

沙门缓缓开言："国王！您的王后是全国最美丽的女人，但她自恃美丽，骄纵蛮横，不行善法，如今只能轮回畜牲道，投生成一只粪虫。"

国王惊呼一声："不可能。她那样美丽可爱，如何会转生成粪虫！"

沙门说："你若不信，我可以找她来跟你相见，亲口听她说。"

国王急忙点头。

沙门低头看着地上一堆牛粪，朗声叫道："你们出来见见国王。"

话音刚落，从牛粪中爬出两只粪虫，慢慢地爬到国王面前。沙门指着其中一只粪虫对国王说："这就是你的王后乌巴里！她现在是那只粪虫的妻子。"

国王盯着身上挂着牛粪的粪虫，一阵阵作呕，根本不相信那是乌巴里的转世。于是沙门用神通让那只粪虫可以说话，随之问道："你前世叫什么？"

粪虫回道："我前世叫乌巴里，是国王阿沙卡的王后。"

"你能否告诉我，你现在还爱着阿沙卡吗？"

粪虫说："尊者！前世的事情我已经忘记大半，即便是残留的记忆也十分模糊。我不记得我是否爱阿沙卡，我只知道我现在很爱我的粪虫丈夫，爱到想用尊贵的国王阿沙卡的鲜血来滋润丈夫的双脚。”

国王听到这里，忽如当头棒喝：“原来我这样爱她，她却根本不记得，甚至还希望用我的血来供养那只丑陋肮脏的粪虫。既然如此，我还爱她做什么。”国王拜谢了沙门，头也不回地离开，从此全力管理国家，不久之后还娶了另一个女人做王后，生活又变得多姿多彩起来。

佛陀讲完后对忧伤的比丘说：“你思念的亡妻就是乌巴里的转世，你的前世是阿沙卡国王，那位婆罗门是舍利弗（佛陀十大弟子之一），那个沙门就是我。”

这份小爱是爱欲，是无数痴男怨女纠缠不清的牵绊。之所以说它小，不是因为它不够伟大，而是因为它是占有欲，随时会变，此刻你侬我侬，下一刻说不定就会嫌恶彼此。爱情再美丽，也只是欲望之一，迟早有变。如果能牢记这点，下次失去爱时，就不至于低迷一段长长的岁月了。

这里还有一份大爱。

佛陀在成为释迦牟尼佛之前，是迦毗罗卫国的王子，世俗名为悉达多。他出家之后，王位便传给他的堂弟摩诃男。

摩诃男受到佛陀教化，有慈悲之心，对百姓仁爱，对万物怜悯，是一位受人尊敬的国王。这一年，邻国舍卫国攻打迦毗罗卫国，摩诃男担心抵抗会造成伤亡，索性放弃，大开城门放舍卫国琉璃王进来。但琉璃王杀心大起，要实施屠城政策，灭尽释迦族。

无论摩诃男如何祈求，都不能感动琉璃王，最后他说：“如果你一定要屠城，我也不阻拦，我只有一个要求。”

“什么要求？”

“让我潜入水底，在我没有浮出水面之前，让我的百姓逃跑，你不能阻拦和屠杀。我浮出水面之后，你再杀掉没有逃跑的百姓。”这个请求听上去古怪又令人心酸，似乎摩诃男已经无力到能争取一点时间就争取一点。

对于琉璃王来说，这是个有趣的游戏，他想知道摩诃男能在水里坚持多久，于是答应了摩诃男的请求。就这样，摩诃男让百姓准备好逃亡，自己则潜入水底。

琉璃王得意地看着水面，猜想过不了多久摩诃男就会坚持不住，到时就让这位可怜的国王看着他的臣民一个个死在刀下。谁知时间过去许久，水面连个气泡都没有。从天亮等到天黑，摩诃男始终没有浮出水面。

城里的百姓逃得差不多了，琉璃王着急起来，命人潜入水底查看，看摩诃男是不是用什么别的方法逃跑了。谁知下水一探才发现，摩诃男将自己的头发绑在水底一棵结实的树根上，早已没了呼吸。

摩诃男用生命换来了全城百姓的安全，这是大爱，它震撼人心，让所有爱欲显得格外薄弱、渺小。

爱欲是占有，是索取，往往令人痛苦；大爱是付出，再悲壮也令人心安。做不到这样无畏，起码也应该懂得，在爱中付出，远比占有更加伟大。

“我爱你”，不是“我永远爱你”

“我爱你。”这句话入耳，就下意识想象成“我永远爱你”。可是爱，哪里能预测。这世上没有一种感情是被“永远”冠名的，只是我这一刻爱你，我这一刹那爱你，我之前的这段日子爱你，至于以后是否爱你，我不知道。

17岁，小斐认识小坏，正是情窦初开时，是看什么都很像韩剧的年纪。

小斐和小坏之间有一种特别的情愫，朦胧而美好，因为有距离、有留白而充满了想象的空间。小坏喜欢打篮球，小斐就一定在场边的长板凳上坐着，等着小坏在送球入篮的那一刻向她投来一个坏坏的得意的笑脸，等他在传球间隙忍不住看向她的目光。那一刻似乎整个地球只剩下两个人类，一个叫小斐，一个叫小坏。

小斐每周上三次补习班，下课通常已经天黑。小坏从来不会说，“我等你下课”或者“我去接你”，却总是在小斐补习的时间到操场打球，等到小斐下课，他抱着篮球，带着一身汗味出现在补习班门口，招招手说："真巧啊，一起回家吧。"小斐上了一年补习班，每次下课都会"很巧"地遇到小坏，也是那么"凑巧"，小坏手里总有一份"不小心"多买的零食，夏天是冰棍或冰镇的饮料，冬天是热腾腾的豆腐串。两人一起回家，身影在路灯下拉长，长到铺满整个年少时光。

20 岁，小斐和小坏在同一座城市的不同大学读书，对爱情萌生出强烈的渴望。

那天小斐过生日，邀请了班上要好的同学，有男有女，当然，还有小坏。年轻的生命，总是要有几次宿醉，几段疯狂的时光，任何一次聚餐都是尽情释放的借口。小斐红着脸，看着班上一个男同学跟她告白。男同学当着所有人的面喊出了："小斐，我喜欢你，你不喜欢我，我就追到你喜欢我为止。"

这是第一次，一个男性，公开表达对她的爱意。她得意、骄傲又慌张，同时有那么些失望，她更希望说这番话的人，是那个爱打篮球的男孩。她不知如何回答，众人已经哄闹起来，让他们在一起。她瞥向坐在一旁的小坏，看他没有一点要阻止或说些什么的意思，便赌气地答应。

一群年轻人在包厢里高喊着"交杯酒，交杯酒"，小斐不好意思地端起酒杯，跟男同学手臂相挽，眼看酒杯就要触到嘴唇，却被一只有力的大手狠狠握住，动弹不得。小斐顺着手臂看向小坏，那眼睛里要喷出火焰一般。

恍恍惚惚间，小斐觉得自己被拉出了人群，越走越远，远到像回到了 17 岁，又跟她的男孩变成了那年少的一双身影，只是这次靠得很近。

他们恋爱了。

25 岁，人生第一次要为生计奔忙，偶像剧变成了生活剧，他们需要为每个月的房租筹谋。

小斐和小坏各有工作，虽然忙碌却十分充实，充实来自工作上的成就和对彼此的依赖。小坏搂着小斐站在一栋大楼下说:“我要买下这里的一间屋子，在这里跟你过一辈子。”小斐嘲笑他说:“我们奋斗十年也只够买一间厕所。”内心却是说不出的甜蜜，就想跟他这样待上一生一世，哪怕没有片瓦遮头。

29 岁，来自亲人、朋友催促结婚的声音越来越多，小斐试探地问过小坏，要不要结婚，可小坏说还不是时候。

小坏认识的人越来越多，应酬也越来越多，不再热衷于篮球，倒是肚子更像一颗篮球。从前的阳光少年，眼看变成了发福大叔。然而在小斐眼里，他可爱的模样一直未变。如果，他能多点时间陪她就更好了。有的时候，这样的抱怨会不自觉说出口，可看到小坏每晚拖着疲惫的身体瘫在床上，还要不停地在电话里洽谈业务，小斐就觉得自己的抱怨非常自私。

但女人面对感情，终归是不自信的——千年来形成的弱势心理一直在敲打女人敏感的神经。“他迟迟不结婚，是不是不再爱我了。但我很爱他呀！”内心的挣扎终于有一天变成了对男人的拷问，“你还爱我吗？”“爱我为什么不结婚？”

小坏有些招架不住，他觉得自己这样努力就是为了那间承诺好的房子，一定要买到它，才算有个家，但小斐一点都不体谅他。就这样，两人没有什么特殊的分歧，也没有巨大的矛盾，却渐行渐远。

30 岁，小斐说了分手，小坏平静地答应了。没有争吵，没有哭闹，他们只是安静地坐在那个年少时期的操场里，说起那些美丽的过往，以及逐渐干涸的爱情，平和地选择了分开。

32 岁，小斐结婚了，新郎不像小坏那么出色，却很愿意给她一个温暖的家。

33 岁，小坏结婚了，新娘是相亲认识的，谈不上怦然心动，只是觉得合适就在一起了。

35 岁，小斐和小坏在同学聚会上相见，说起了自己的爱人，说起了自己可爱的孩子，分享了一些离开彼此之后的平淡生活。两人不知不觉走到了操场，看见一群少年正在打球，场边的长凳上坐着一个女孩子，眼光始终追着打球的某个少年，一秒都舍不得错过。

小斐说：“我那时以为我会永远爱你，却没想到今天能这样平静地相见，心里除了情怀，没有爱情。原来我爱你，不是我永远爱你。”

小坏笑了笑，电话响起，上面跳着妻子的名字。“我这就要回去了。”小坏温柔地对着电话说。他转身对小斐说：“回家吧，家人要等急了。”

一双影，朝着不同的方向走去。

哦，原来我爱你，不是我永远爱你。我在爱上你之后，也会爱上别人。

把悲伤活成潇洒

我们在所有社交网络上都有一个统一的气质，就是报喜不报忧。给只有点赞之交，或是有真情实意的好友们展露的永远是快活、潇洒、高品位和高品质的那一面，就像流浪在外的孩子们给父母展示的一样，苦涩永远不能曝光。我们以为就这样把悲伤的生活活成了潇洒，却没想到越是如此努力专注地活在社交网络上，低落的情绪就越是持久。原来没有把悲伤活成潇洒，而是把虚荣错当了潇洒。

真正的潇洒，应该是他这样的模样。

他是苏东坡，一个在北宋繁荣的文坛上男神级别的文豪，人人都会背诵几首他的词，人人都说得上几段他的故事，甚至有人因为太喜欢他而为他杜撰了一个同样有趣的妹妹，苏小妹。然而他的人生从来不是一条坦途。

都说苏东坡是文曲星下凡，可在1306年他出生的那天，并没有什么奇特的天象，不过是在平凡的一天里诞生了一个平凡的男孩。如果非要说有那么点不平凡，只能说他有个了不起的父亲——苏洵。

不说苏洵在文坛上有多么伟大的成绩，只说他作为一个父亲，对孩子们的教育费尽心机。都说苏轼、苏辙小时候顽皮，不喜欢读书。一般家长可能会强迫孩子坐在案前，规定一天要读多久的书，定时抽查背诵，最好是请个老师来加以约束。但苏洵不同，每当苏轼兄弟在外面玩闹，他就坐在角落里读书。等到孩子们想知道他读什么，他就故作神秘将书藏起来，孩子们好奇心起，一定要看看书中内容，便有了读书的兴趣。

然而这样一位父亲，并没能陪伴苏轼走太远。就在苏轼刚刚步入仕途时，苏洵去世，他的精神世界瞬间坍塌。上一次受到这样的打击，还是母亲和姐姐相继去世的时候。

他的姐姐贤惠善良，对两兄弟非常疼爱，可惜在出嫁后不久便去世了。他的母亲则在他们父子三人进京赶考的时候病逝，没能支撑到他们中进士的消息传来的那天，这让苏轼在无数个夜晚怅然若失。

母亲、姐姐、父亲，跟他有着生命联系的人一个个离他而去。还好，还有苏辙，还有妻子王弗，而且在父亲去世那年，王弗为他生了一个儿子。可就在一年多之后，王弗也病逝了。

苏轼在巨大的悲痛中把妻子、父亲和母亲葬在了一起，并为妻子洋洋洒洒写了一篇情真意切的墓志铭，在结尾时悲伤地写下“呜呼哀哉！余永无所依怙。君虽没，其有与为妇何伤乎。呜呼哀哉！”失去你，我将永远没有了依靠。但此生能娶到你，你又以儿媳的身份葬在了我母亲身边，我也没什么遗憾了。但，还是痛彻心扉。

此后苏轼在很长一段时间里不再做文章，不再赋诗词，连孩子都无法顾及，只是每天在爱人的坟边种树，以眼泪浇灌，以相思为土，不舍昼夜，不问春秋。就这样过了三年，爱人坟前已经密布三万棵青松，以及绵绵无绝期的思念和孤独。

即便是已经过了十年，他身边有了王闰之，可还是会不自觉地梦到王弗，于是在寒夜之中惊坐起，悲伤地提笔写道：

十年生死两茫茫。
不思量，自难忘。
千里孤坟，无处话凄凉。
纵使相逢应不识，尘满面，鬓如霜。
夜来幽梦忽还乡。
小轩窗，正梳妆。
相顾无言，惟有泪千行。
料得年年断肠处，明月夜，短松冈。

苏轼的生活坎坷，仕途也不顺遂，一直处在被贬谪的处境。第一次被贬是出于文采盛名遭人妒恨，从而被安上一个莫须有的罪名进了监狱，还被判了死刑，幸得王安石等人的求情才免于一死，只是被贬到黄州当了一个有名无实的小官。

如果说他情绪上没有一点波动是不可能的，不然也不会写下“拣尽寒枝不肯栖，寂寞沙洲冷”的句子。但他并没有因此沉沦，反而将文学视野从朝堂扩大到民间，创作出了许多更贴近民心的词句。后来索性不问政事，开始专注于生活的美好细节，比如怎么做肉更好吃，他创出了“东坡肉”；什么酒更香醇，于是有了“错着水”；什么点心更爽口，便有了“为甚酥”。

第二次被贬到惠州，已是花甲之年，他对重回朝政已经不抱希望，反而更加豁达，于是做到了欣赏沿途的风景，而不执着于终点在何处，所以在爬山爬累了的时候，不去纠结要不要继续向上，而是索性停在山腰处欣赏风景，然后悠然自得下山去，反正人间处处是风景，何必一定要登到顶峰。

吃起东西来也更有滋味，哪怕是一块没什么肉的羊骨头，他也能熬出一锅羊汤，然后在骨头上浇些米酒，用火烤一烤，然后用牙签剔上面的肉吃。他给苏辙写信说，这样吃竟然有螃蟹的鲜美。

第三次被贬，身处之地是儋州，也就是今天的海南岛。那时海南岛没有成群的游客，没有居高不下的房价，只有炎热的气候和荒凉的沙土。苏轼已经习惯了这种生活，根本无所畏惧，甚至连棺材都为自己准备好了，打算死在这里。但既然已经来到这里，也要认真生活，所以他在这里办学堂、编写教材，为这里的百姓传播文学知识，朝廷这才有了来自海南的进士。

生活给了他一波三折、坎坎坷坷，可他却一直说“此心安处是吾乡”，在他人看起来是绝境的地方，他活出了真正的潇洒。

林语堂在写苏轼时说：“苏东坡是个秉性难改的乐天派，是悲天悯人的道德家，是黎民百姓的好朋友，是散文作家，是新派的画家，是伟大的书法家，是酿酒的实验者，是工程师，是假道学的反对派，是瑜伽术的修炼者，是佛教徒，是士大夫，是皇帝的秘书，是饮酒成瘾者，是心肠慈悲的法官，是政治上的坚持己见者，是月下的漫步者，是诗人，是生性诙谐爱开玩笑的人。可这些也许还不足以勾绘出苏东坡的全貌。”

他身体力行地告诉后人，生活中的悲伤处处可见，但不能因此坏了热爱生活的那颗心，这才是潇洒。所以当我们再感到沮丧时，想想这位有趣的文豪的话：“人生到处知何似，应似飞鸿踏雪泥。泥上偶然留指爪，鸿飞哪复计东西。”

人生不过是鸿鹄乱飞时在地上留下的一些爪印，何必计较那么多，有肉就吃，有酒就喝，有梦就追，有路就走。放低忧伤，才是洒脱。

热衷争辩其实是一种病

你一定见过，或者身边就有这样的人：喜欢在话锋中占得上风，喜欢那种“人人都说不赢我”的成就感。我知道你不服气，每次都要与他争个面红耳赤，像吵架一般。你觉得你委屈，但在旁观者眼里，你和他一样，都在为不知所谓的小事争吵，一样固执又可笑。

一个黏热的夏夜，二先生带着比气温还高的怒火来找我。

“我要喝一杯，败败火气。”他将一个塑料袋丢在我面前，里面装着大大小小的易拉罐。

“是酒吗？”我扒开袋子，却看到里面满满的橘色北冰洋，差点骂出声来。

他爽利地打开一罐，咕嘟咕嘟灌下喉咙，看得出他很生气，但这画面实在太喜剧，加上在沉闷的空气里传来一声接一声高亢且悠长的气嗝，我很难不笑场。

二先生又取出一罐，就像一个失意落寞的男人在拼命灌醉自己一样，往自己的胃里狂倒北冰洋。我像电视剧里最熟知的桥段那样夺过了他手里的易拉罐，狠狠地说：“够了，你会喝出糖尿病的。”

他看看我说：“我不想再跟辩辩见面。”

他跟很多北漂族一样，在这座城市有自己的老乡团体，因为来自同一个地方，总是有一种特别的故乡情怀牵扯着他们，所以他们比其他人要团结。辩辩是其中一个女孩子，因为能跟任何人争辩起来，所以被他们私下叫作“辩辩”，听起来跟“便便”同音，多少有些讥讽的意思。

“你们私下给人家取这么难听的绰号已经够无耻了，还想在我面前讲她的是非吗？”

“你不知道她有多喜欢跟我们辩，每次聚会都是煎熬。后来我们几乎都顺着她的话往下说，可她却一转身又跳到我们的对立面，她自己打脸还浑然不觉。这次有个老乡打算调到国外工作，我们说不错，她就举出各种在国外的不便。我们说的确也有很多不方便，她就争辩在国外有多少好处。最后她生气了，自己走了。”

这让我想起王蒙先生写的《雄辩症》，说的是一位热衷辩论的人去看病，医生请他坐下，他说：“为什么要坐下？你要剥夺我不坐的权利吗？”医生倒杯水给他喝，他说：“这样谈问题是片面的，不是所有水都可以喝，万一水里有毒呢？”医生说：“我没有投毒，你放心！”他则说：“谁说你投毒了，难道你诬陷我说你投毒？”

医生被辩得厌烦，也争执起来，最后觉得幼稚便摆手说：“算了，还是给你看病吧！”他却说：“谁说我有病？”医生问：“没病你来医院干吗？”他说：“谁说没病就不能来医院，医院是公共场所，我有权利来。”之后二人又争辩起来，争到最后，医生竟然觉得自己无能，打算去修逻辑学，以后好对付类似患有“雄辩症”的病人。

就在两千多年前，也有一个雄辩症患者，四处找人辩论。他听说孔子最擅长辩论，于是来找孔子。那天子贡正在院门口打扫卫生，这人正好找来。他问子贡：“您是孔子吗？”

子贡说：“您有什么事找我的老师？”

他说：“我想请教时间方面的问题。”

子贡说：“这个问题我可以回答。”

他问：“一年有几季？”

子贡说：“四季。”

他摇头说：“不对，只有三季。”

“四季！”

“三季！”

两人就此争执起来，一直争到了中午。

孔子办完事出来，看到二人争辩，便询问子贡发生了什么事，子贡如实禀告。

孔子打量他一番，之后说道：“一年的确只有三季。”

他听后得意地大笑，迈着骄傲的步子离开了。但他永远不知道，在他离开后，孔子都跟子贡说了些什么。

子贡问孔子：“老师，一年到底有几季？”

孔子说：“四季！”

子贡有些糊涂。孔子说：“那人一身绿衣，是田间的蚱蜢。蚱蜢春天生，秋天就死了，只活过春、夏、秋三季，哪里见过冬天，所以觉得一年有三季。你跟他争辩，什么时候都争不出结果来。如果不顺着他说，他能这么爽快地离开吗？”

我跟二先生说，这世上有太多雄辩症患者，有的就喜欢争辩，不管你说什么，他总能找出争辩的角度，有的则不但自己目光短浅却又格外自恃才华，无论哪一种，都辩不出结果，还不如沉默以对，随他去讲，千万不能被他连累成另一个雄辩症患者。

其实这世上，还有一种争辩是缺乏意义的，那就是站在不同的立场上，硬生生要分出谁对谁错。我曾见过几位老师在课后闲聊，说到了宋襄公应不应该被列为春秋五霸。这是个有趣的话题。

春秋时期的宋国一直是一个尴尬的存在，要说名正言顺的地位，它在诸侯国之中地位是最高的，因为它是春秋时期为数不多的有公爵之位的诸侯国（周朝有公、侯、伯、子、男五等爵位。春秋时期，有公爵地位的诸侯国大概有四个，分别是宋、卫、虢、虞）；可论国力，它却是处于中下等级，远不如仅为侯爵、伯爵的齐、晋、秦和楚，因此称霸中原一直没有宋国的份儿。不过这并不影响宋国的斗志，特别是宋襄公的斗志，他一直希望能以公爵的名头来刷新宋国的存在感。

于是在齐桓公死后，宋襄公率兵去平定齐国的内乱，扮演了一个公爵家长的角色。同时他试图以公爵之位来联合诸侯国对抗当时蠢蠢欲动的楚国以及楚国的盟国，最后完成宋国的霸业，恢复宋国祖宗殷商的辉煌（周朝建立后，商纣王的叔叔微子启被封为宋公，所以宋国是殷商的后代）。宋襄公的愿望是美好的，但宋国薄弱的国力并不足以支持他实现愿望。宋国大司马公孙固就曾向宋襄公多次强调过，“殷商是上天废弃的，您却想要将其复兴，这不是有违天意嘛！”但宋襄公坚信努力是有回报的。

公元前638年的冬天，楚国为了教训宋国，跟宋襄公在泓水（今河南柘城西北）边开战。对宋国来说，这是一场胜算很大的战役，就因为宋襄公对原则出奇且盲目地坚持，最终以失败告终。

在楚国大军尚未渡过泓水的时候，宋军已经厉兵秣马，列好阵势，做了完全的准备。公孙固对宋襄公说："楚国人多，我们人少，趁着现在楚军还没过河，我们发起攻击，胜算很大。"宋襄公想了想说："不战。"楚军渡过河，方阵队列还没排好，公孙固又请战，宋襄公还是不战。等到楚军队列整排完毕，宋襄公才下令进攻，结果宋军大败，宋襄公也身负重伤，并于第二年春去世。

战败后，宋国人都埋怨宋襄公，认为他延误战机，导致宋军泓水之战的失败。宋襄公却有自己的理由："君子打仗不伤害已经受伤的人，不捉拿头发花白的老人。古人行军打仗不以险要的地势来阻击敌人，我虽然是亡国之后，也不会去进攻没有成列的敌人。"

几位老师坐在那里，基本上分成了两派，一派说："宋襄公虽然兵败，但气节可嘉，傲骨可赞，仁心可悯，儒士风范，当然有资格成为春秋五霸。"

另一派说："诸侯争霸，要的是会打仗，能强国的君王，他对楚军仁义，楚军对他却没有一点感激。仁义在乱世中就是一把害己的利刃，汉朝刘安说得好，'古之伐国，不杀黄口（小孩），不获二毛（头发花白的人，指老人），于古为义，于今为笑，古之所以为荣者，今之所以为辱也'，这样的人有什么资格称霸！"

"没有仁义之心，即便图谋了天下，也是昏君暴君，怎么治理清明天下。"

这个论题难分对错，只是立场不同。这种争辩，谁也不能将谁说服，最后也只是不欢而散，有的甚至为此而心有怨怼，连朋友都做不成。

别人说你坏话？可能是你错过了好话

可能太关注自己在别人面前的形象，所以但凡听到关于自己的言论都格外留心。可很多时候，我们身处议论的中心，却不在议论的现场，很难从头到尾完整地听到全貌，更难以想象彼时彼地有怎样的语境。这个时候，不管是别人转达，还是自己捕风捉影，都不是可以断定自己被非议的依据。别人说你坏话？可能你只是错过了好话而已。

在古老的过去，一个小镇上住着甲和乙一对好友。两人从小一起长大，对彼此关照友爱，而且相互了解，对方有什么缺点、长处，都了然于胸，胜似兄弟。

有天晚上，甲在床上辗转反侧，夜不能寐，于是去找乙喝杯酒，想着夜色清凉，最适合谈天说地，如果困倦了，直接睡在乙的家中也不错。谁知走到乙的家门口，还没有敲门，就听到屋里传出一阵阵叹息。甲推门进去，看到乙正在自斟自饮，一脸愁容。

“你遇到什么难事了吗？怎么自己喝起闷酒来，还长吁短叹？”甲急忙询问。

乙看到好友进来，没有起身迎接，只是一个劲儿喝酒，听到甲询问，才把百转愁肠讲给甲听。

乙恋爱了，却是单相思。他爱上了镇里一位大户人家的姑娘。那姑娘生得花容月貌，又从小读书习字，知书达礼，求亲的人从门口排到了街口。乙也想去提亲，可是看看自己家徒四壁，身无长处，再对比一下那些排队求亲的富贵人家的公子，觉得希望渺茫。再加上姑娘的父母对女婿要求极高，不仅要有钱、有权，还要有相貌和人品，乙根本就是毫无希望。

想爱却爱不起，这种无能为力的感觉让乙抬不起头来。有很多次，他想冲进姑娘的家里，去求她的父母认可他的爱情，可走到门口，看到她家迎来送往的都是豪门望族，便打了退堂鼓，又掉头回家，对着卑微的自己唉声叹气。

在这样一个夜晚，月色正美，却没有爱人相伴，浓烈的哀愁席卷心扉，使这份相思显得更加荒凉。

爱情是最难相帮的，就算甲想为乙排忧解难，也不知从何入手，一时间也跟着惆怅起来，喝了几杯后悻悻地回家去了。

躺在床上，甲更难入睡，他思前想后，认为应该帮一下乙，但该怎么帮呢？“去帮他提亲吧。不管最后结果怎么样，总是要试一试才知道。”甲打定主意后，便沉沉睡去。

第二天天刚亮，甲便在镇子里最好的酒馆摆下宴席，邀请姑娘和她的父母前来，同时也派人去叫乙。

在乙没有到来的时候，甲在姑娘和她的父母面前不停地称赞乙，说乙忠厚老实、和善诚恳。他并没有说谎，这个镇子不大，所以没必要说谎。

姑娘的父母听甲的描述，对乙有了一些好感。但人品不是唯一的准则，财势也同样重要。甲告诉姑娘的父母，钱财、势力都可以凭借自己的努力赚得，但人品却是从小铸就的，贫穷易改，恶劣的本性难改，所以应以人品为上。至于相貌家世，那更是其次，长相俊美的难保不会朝三暮四，家世太强的难免不会仗势欺人。倒不如找个人品好，体貌端正，有责任感，又有一腔赤诚之心的男人最为可靠。

姑娘的父母渐渐动了心，想看看这个乙到底怎么样。此时乙正在前往酒馆的途中，心里十分忐忑，不知道甲会如何评说自己，大概是过于自卑，所以总怕听到关于自己的言论。他不知道甲已经说动姑娘的父母，他们愿意试着接受乙这样一个一穷二白却有着积极、善良心态的女婿候选人。他只知道，当他刚刚踏进酒馆就听到甲在说："乙性子有点急，容易冲动。"

换了别人，换了别的情景，乙可能都不会如此激动，偏偏是自己最好的朋友，在最爱的人及其父母面前数落自己的不是，让乙怒火冲头，脱下一只鞋狠狠砸向了甲，并且吼道："你是我最好的朋友，却在背后这样说我的坏话！你说说，我如何容易冲动？"

其实在乙到达之前，姑娘的父母正在问甲："他被你说的全身是宝，难道就没有缺点？你要说没有，我们可不信，那你之前说的那些，我们也都有所怀疑。"

甲在大脑中疯狂盘算，人都有缺点，乙也有，如果把他的缺点都说出来，这门婚事恐怕就黄了；如果说没有缺点，明摆着是骗人。缺点要说，但要挑些无关紧要的说，于是他告诉姑娘的父母:“缺点人人都有，但瑕不掩瑜。乙性子有点急，容易冲动。”

乙恰好只听到了后半句，便不假思索地认为甲在背后非议他，于是当即表现了“性子急，容易冲动”的缺点。

这个故事出自《百喻经》，是佛陀讲给众弟子的故事。抛开其中的佛法奥义，只说我们可以听懂的道理：你听到的所谓非议，是有意针对你制造的流言蜚语，还是断章取义？当有人来向我抱怨别人非议他，或者我听到跟自己有关的非议时，我便会这样问。

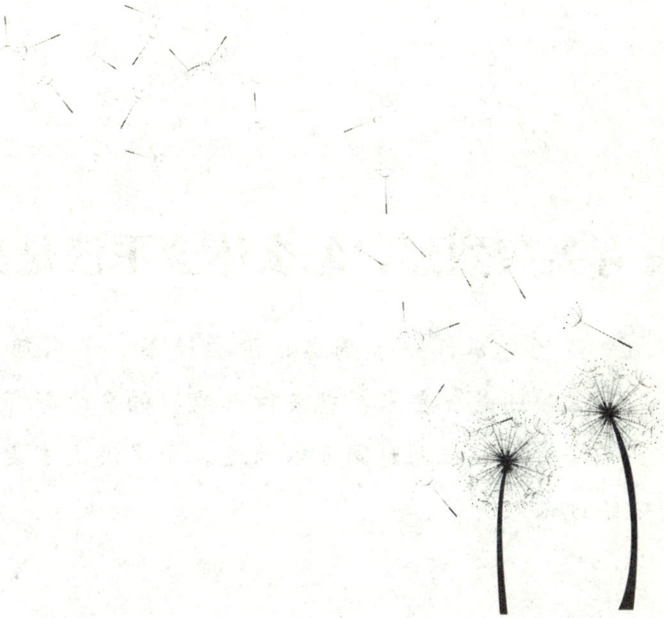

Part 05

至少努力过，才配谈梦想

你有远大志向，你踌躇满志，
你有梦想，这些我都知道，也愿意支持你。
但是，你连努力一次的魄力都没有。
你至少奋斗过，哭过，笑过，
受过挫折，恐惧过，绝望过，疯狂过，摔倒过，
重新站起来过，再来跟我说梦想。

没有轰轰烈烈，怎么体会平淡是真

平淡的是水，一直喝水，没尝过茶，怎么能对比出平淡的滋味？还是少年人，就要做些疯狂的事。那些平淡的生活，未来你有大把的时间可以来过。平平淡淡才是真，那都是唱给过来人听的。

夏天，是这个城市最令人烦躁的季节，频繁造访的雾霾，闷热的天气，只要离开空调，就感觉像是身处一家满是客人的火锅店，门窗紧闭，没有冷气，吸着彼此呼出的二氧化碳，汗水黏住了衣衫，胸口也是那样不畅快。在这样的天气里，我辗转一个多小时去参加一个会议，路上无数次想钻进任何一家商店，清凉地坐上一下午。

到了会议室时，里面已经挤满了人，都是些年轻的面孔，他们热烈地讨论，现场气氛喧闹却生机勃勃。我刚刚坐下，主持会议的人就进门了。她是一个编剧，50 岁出头，操刀过多部电视剧，经验和资源同样丰富。大概是一直跟这些年轻人待在一起的缘故，她显得非常年轻，富有活力，懂得许多当下流行的词汇，开得起玩笑，笑起来清脆豪爽，一点老师的样子都没有。

会议的主题是为某部筹拍的电视剧开编剧会，我们事先看过了剧本纲要，也看过几集没有通过的剧本。她引导我们想象，组织我们讨论，告诉我们对细节的处理要点和事件的逻辑关系。

休息时她问，你们有理想吗？一个梳着短发，个子高挑，学生模样的女孩子说："我的理想就是捧着电脑，在星巴克写剧本，有暖色的灯光，有香醇的咖啡，周围有成群的时尚男女。然后他们会对我投来好奇的目光，指着我说，'她好像在写剧本'，最好有人过来跟我搭讪，是个阳光帅气的小伙子。他跟我交换电话号码，然后对我一往情深。"

所有人都笑了，包括我在内，星巴克、写剧本、时尚男女、搭讪、恋爱，这就是典型的狗血剧。老师也笑了，她说这个想法很浪漫，有没有现实主义的想法。有人说想赚很多钱，有人说想成名，有人说想有一天可以用自己的偶像来出演自己写的戏……老师点点头说，还有吗？

有个忧郁的男生站起来说，"我的理想是平淡的生活。"

"你多大？"老师问。

"22 岁。"他说。

"毕业了吗？"

"开学是研一，主修戏剧。"

"你认为的平淡生活是什么？"老师似乎来了兴趣。

"无惊无扰，一日三餐。"

老师笑着说:“那你现在已经实现你的理想了。”

男生有些窘迫，大概是原本会以为这样富有禅意的答案会得到赞许，却换来这样一句不咸不淡的回应，顿时不知道如何回答。

老师接着说:“没有经历过轰轰烈烈，哪里配谈平淡。”

整场讨论会，我只记住了这句话。

这是6年前的事，几年后我读到另一句话:“除非你力战过悲伤与恐惧，承受过让你梦想破灭的年岁，因剧烈的欲望而受伤，因冲突倾轧而疲惫不堪，孩子啊，否则你不算真正活过:这就是人生。”

我20岁的时候，喜欢嚷着平淡，那时最大的挫折也只是学校考试考砸了，一副为赋新词强说愁的样子；我30岁的时候，也说平淡，那是经历了社会给予的无数次沉重打击后，迫切需要的安稳。

平淡，必然是要经历过激烈的动荡、撕心裂肺的生离死别才能体会到，才懂得珍惜的。那时才真正明白什么是“被酒莫惊春睡重，赌书消得泼茶香，当时只道是寻常”，才体会到什么是“再回首”。

所以当挫折汹涌而来的时候不必担心，那只是生命送出的一个机会，一个让你真正体会到“平平淡淡才是真”的机会。之后你会更加具有智慧，爱得更有力量。

不管他们怎样讲，我总心存“幻想”

有些坚持，真的是只要你好想好想，好信好信，就一定能实现。不信，从现在开始试一试，那些你期待的、向往的、心心念念的，坚持去想，坚持去做，所谓“念念不忘，必有回响”。

我在住所附近的公园里遇到一个老妇人，穿着臃肿的外套，身体显得更加瘦小。头发黑白相间，其实大半是白的。她独自坐在长椅上，发呆一样望着远方。这不是我第一次看到她，大约三四次，见她都是同样的打扮，同样的姿势，坐在同一个地方，看着同样的远方。许是我一个人太无聊，所以开腔跟她搭话。

她很健谈，一开口就是无法停下的倾诉。她住在离这里车程半个小时的地方，坐在这里是为了等她的外孙放学。她的外孙在旁边的培智学校读书，早已过了上中学的年龄，可心智却还是只有几岁。学校每天上午 9 点开课，中午 11 点放学。老妇人带着外孙回家吃过午饭，在下午 2 点之前再返回学校。下午 3 点半，学校放学。下午的一个半小时，不够老妇人回家休息的时间，于是她只能坐在这里等待。不管酷暑骄阳，还是寒风凛凛，她都坐在这里，执着等待。

旁边有间棋牌室，温暖舒适，可以和其他老年人玩把牌，饮一杯热茶，一个小时 10 元。我热心地为她推荐。她说："10 块钱，4 包馒头，我们一家，可以吃 3 顿。"日子在上了年纪的人的眼里，是一个馒头摞着另一个馒头。热茶换算成馒头，未尝不是一种牺牲。

"我的女儿年轻时来这里打拼，跟男人打拼出一间 50 平方米的开间。第一胎是弱智，又生了老二。原本就小的房子，更拥挤，连睡觉的地方都没有。我来帮他们带孩子，只能在厨房搭张床。他们都不希望老大读书，也怕我辛苦。可我总觉得，智力再低，他也是条命，也要对他负责。所以不管他们怎么说，我都心存幻想。"老妇人说这些时，坚定又骄傲。

这让我想起一个人，一个来自远方的朋友，他小时候在自己的国家度过了一段非常贫苦的生活。大概在 12 岁的时候，他想要一辆脚踏车，但是家里的经济并不足以为他实现这个梦想。有一次，他走进了一个拍卖会现场，那里正在举行一场盛大的脚踏车拍卖会。

第一辆脚踏车开始竞拍，拍卖员开始唱价，他第一个出价："5 块钱。"但很快，就有人出更高的价钱将脚踏车买走。

第二辆脚踏车开始竞拍，拍卖员又开始唱价，他又出价 5 块钱，结果又被更高的价拍得。

紧接着在第三辆、第四辆、第五辆……拍卖的时候，他都固执地叫价5块钱。中途休息的时候，拍卖员问他，为什么总是只出5块钱，而不出更高的价格。他诚实地说："我很穷，我只有5块钱，但我想要一辆脚踏车"。

当拍卖继续进行的时候，他依旧只出5块钱。人们实在无法忽视这个固执的小男孩，他从头至尾都只叫一个价格。时间一分一秒过去，竞拍的脚踏车只剩下最后一辆。他仍然叫价，5块钱。

奇迹出现了，在他此次叫价之后，竟然无人再叫，现场一片寂静。拍卖员有些兴奋地敲响了成交锤："成交，这辆脚踏车以5块钱的价格卖给了那个男孩。"在场所有人都起立鼓掌，他掏出了那皱皱巴巴的5块钱，买下了一辆崭新的脚踏车。

不管他们怎样讲，我总是心存幻想。

恰好，幸好，我们也这样心存"幻想"。"幻想"，是他们对我们心中希望的嘲讽，他们不曾有这样坚定的信念，便希望我们也没有。所以在遇到你之前，我跟时光学了一件事，就是甄别忠告，哪些是善意的，哪些是他们试图把自己的不幸生活也复制在我身上的。

《韩非子》里有这样一段：

有个女孩子要嫁人，别人告诉女孩子的父母：女儿出嫁后，不一定能生儿子。所以要为自己准备后路，平常多从夫家偷出一些衣物、钱财，如果因不能生儿子被赶出来，日后的生活也有着落。

女孩子的父母自觉这是一条有用的忠告，便教给了女儿。女孩子嫁过去之后，日夜想着会被赶出夫家的可能，于是时常偷出一些东西藏起来。夫家发现后，公婆狠狠训斥了她。她想，公婆一定是不喜欢她，被赶出去大概也只是时间问题，于是偷窃得更加疯狂。时日一久，夫家见她屡教不改，反而变本加厉，于是狠下心写了休书。

女孩拿着休书，没有恐慌、羞愧，只有满怀的庆幸，庆幸当初听了他人忠告，为自己留下了财物，以后衣食可以自保。

太多人喜欢告诉别人应该怎么做，觉得自己的经验可以治愈一切疑难杂症，可他们忘记了，人生是一个人的战斗，没有一件铠甲能挡住所有明枪暗箭。

我也渐渐地少给别人指点江山，因为我的经历充满了个人主义的标签与色彩，可以拿来分享，却不能成为别人做判断和决定的依据。

岁月漫长，其实也短，一半在睡觉，剩余一半中还有生病、灾难、痛苦、沮丧，留给我们快意人生的时间并不充裕，既然这么有限，我只能选择相信，相信那些美好的、满足的、可爱的“幻想”，都能实现。不怕需要很久，我可以喝杯热茶，翻一本书，去一个地方，交一个朋友，慢慢等待。

行心之所安，然后听天由命

拥有梦想是件美好的事情，如果无法实现呢？气馁、失望、失去信心、一蹶不振，都是最消极的应对。最好的是，闭上眼睛，听从心的指挥，昂首阔步，先尽人事，后听天命。

蒲松龄真的是个很会讲故事的人，我要讲给你听的，来自他的《聊斋 · 叶生》。或许你可以不读，等我们将来相遇时，我讲给你听。

淮阳有个姓叶的书生，文采风流，才高八斗，可惜怀才不遇，难觅知音。有一年，丁乘鹤到叶生生活的县城当县令，被叶生文章所吸引，便对他青睐有加，非常关照叶生，不仅给他钱照顾他的生活，还向上级举荐叶生。可惜叶生命运不济，还是落榜了。

此次落榜后，叶生一蹶不振，觉得有负于丁公的赏识和帮助，继而久思成病，竟然越来越重，吃了多少药都不见好。丁公怜惜叶生，便安慰叶生说他要回京述职，想带着叶生一起走，叶生欣然答应。可叶生身体越来越差，下不得床。丁公便写信给叶生，大意是他会等到叶生康复再出发。

丁公在县衙等了很多天都不见叶生，想走又不舍。忽一日，衙人来报，说叶生到了。丁公大喜，带着叶生一起出发。

丁公有个儿子，非常聪慧，读书过目不忘，且写得一手好文章。丁公望子成龙，也希望叶生有所施展，便让叶生当儿子的老师。叶生悉心教导丁公子，把自己所写过的文章都拿来给丁公子参考，一年之后，丁公子在会试中得了第二名。丁公对叶生千恩万谢，同时感叹叶生壮志难酬，丁公言道：“你竭尽全力教诲我的儿子，可你却得不到重用，这可怎么办呢？”叶生说道：“要不是大人，我的文章又怎能名扬天下。现在天下人多半知道，我潦倒半生不是因为考试不行，况且又得一知己，已经心满意足。”丁公希望叶生能回乡参加下一年考试，可叶生不愿意，丁公也不便勉强。

没过多久，丁公子考上了礼部的进士，带着叶生一起到礼部上任。临行之前，丁公对儿子千叮万嘱，要他想方设法为叶生谋得一官半职。

接下来的一年中，叶生和丁公子二人形影不离，如好友，也如亲密兄弟。在丁公子的帮助下，叶生也获得了州府的举荐，总算有了官职，正好调任到家乡附近。丁公子对叶生说：“你离家也有三四载，现在到了衣锦还乡的时候了。”

叶生带着好不容易得来的荣耀回到家，只见自家门口十分冷落，一片凄凉。叶生推开门，正好看到妻子从屋子里走出来。妻子见到叶生，现出惊慌之色，吓得连手中的簸箕也扔了。叶生急忙上前道："我如今载誉而归，显贵门楣，只是三四年没见，怎么就不认识了？"妻子脸色苍白，泪如雨下，"你已死了很久，又说什么显贵。你的灵柩之所以一直没有下葬，是因为家贫如洗，无钱安葬。如今你的孩子阿大也大了，我正筹划着安葬你，你就不要来吓唬我这个活人了。"

叶生听了如晴天霹雳，混混沌沌走到了房里，一眼看到了自己的灵柩，"噗"地消失了。叶妻走进房间，看到适才叶生的衣帽如蛇蜕皮一样丢在地上。过了一会儿，阿大回来，看到门前车马，便问娘亲何事。叶妻含泪相告，又问了跟来的随从，才知道叶生如何跟随丁公，如何得了官职等等。

原来，叶生早在多年前那场重病中死去，只是挂念丁乘鹤的知遇之恩，于是化作魂魄一路相随，只是他自己并不知道罢了。

随从回去将此事告知丁公子，丁公子听后捶胸顿足痛不欲生，遂出钱将叶生厚葬，并出钱供叶生的儿子阿大读书。

蒲松龄在最后慷慨陈词了一番，我记得最刻骨的是一句话："人生世上，只需合眼放步，以听造物之低昂而已。"

人生一世，像叶生那样怀才不遇的很多，像丁公那样懂得赏识的人很少。这个时候，与其抱怨没有遇到伯乐，不如闭上眼睛，只管迈开阔步向前走，行心之所安，然后一切听天由命。

是否准备好这一世孤独

追求梦想是件特别孤独的事，那些追随你梦想的人可以中途退出，而你不行。所以你在决定固执地追求梦想前，是否准备好跟孤独寂寞友好相处？

阮籍经常酩酊大醉，并不是嗜酒如命，而是对朝廷实在绝望，可身处其中又没有让其变得美好的方法，只能用醉来掩饰无能为力带来的悲苦。最长的一次宿醉，大概是司马昭想让阮籍的女儿嫁给他的儿子司马炎那次，阮籍内心不愿，不知道如何回应，只能醉了长长的60天。后人说他放荡不羁，却不知他故作旷达。正是对世间有所期望，却无力改变，才愈发孤独。于是他写："夜中不能寐，起坐弹鸣琴。薄帷鉴明月，清风吹我襟。孤鸿号外野，翔鸟鸣北林。徘徊将何见，忧思独伤心。"

当你准备好追求志向，追求爱情，却发现成功比你想象中艰难，甚至有可能倾尽一生也求不到想求的事物，你是否有勇气承受这一世孤独?

康德从小是体弱多病的孩子，胸腔狭窄，心脏和肺挤在一起，时常为他制造各种呼吸上的困难。更令人沮丧的是，这种病在那时根本没有治疗的希望。正因如此，康德从小就很孤独，没法出去玩耍，也不能进行长途旅行，一生都没有离开家乡柯尼斯堡。这样的生活，不厌世已经算是心胸豁达了。

或许是孤独造就了康德活跃的思维，或许是开阔的想象让他显得更加孤独，康德的一生都在思想中孤独前行。他不是没想过找个伴侣，根据零散的记载，他起码有过一次动心的时候，那是一位失去丈夫的伯爵夫人，康德为她的孩子当过私人教师。伯爵夫人最终嫁给了另一位贵族，康德的爱情没有开始便结束了。据说此后他还曾喜欢过一位来柯尼斯堡游玩的姑娘，就在他犹豫着是否要结婚的时候，姑娘已经离开，芳踪难寻。后半生，康德把全部的热情都放在哲学上，不是我们想象中那样浪漫的“因为他失去爱人而心灰意冷”，而是他真的热爱思考，一种有规律的思考。

为了纯粹的思考，他不仅不要爱情，也不要事业上的功成名就——他曾两次拒绝哲学教授的名位，只要一种可以维持生命的规律生活：每天早上5点起床，读书学习2个小时，2个小时讲课，4个小时写作；下午1点准时吃饭，3点半准时散步，4点半继续写作、读书、备课，晚上9点到10点睡觉。几乎连跟朋友约见的计划都没有。海涅说：“康德的一生很难描写，因为他既没有生活过，也没经历过什么。”

康德就这样孤独地走完了一生，去世时骨瘦如柴，像一具干尸。后人都在谈论，他这一生过得悲悲戚戚，大抵是因为太过孤独。而这世上，坚定而纯粹的追求，都是孤独的。

20 世纪六七十年代，美国有一家报纸刊登了一则消息，大意是有个园艺机构出高昂的价格征求纯白色金盏花。人们不是不知道，金盏花的品相非黄即棕，根本没有白色，但他们还是愿意为了诱人的金额试一试。然而不管怎么尝试，白色的金盏花都无法培育。久而久之，随着人们的放弃，这件事也彻底被遗忘。

大概是 20 年后，当年登报的那家园艺机构收到了一个包裹，里面是一封信和一颗珍贵的纯白色金盏花的种子。园艺机构的管理者早已换了几任，对于 20 年前的启事要翻查档案才能记起。他拆开信笺，审视着一段 20 年的孤独之旅：

寄种子的人已经步入暮年，她是个狂热的园艺爱好者，在 20 年前看到报纸上的启事后便开始培育白色金盏花。她先种了一些金色、棕色的金盏花，然后从里面挑选颜色最浅的花朵，留下它们的种子。第二年，她把这些种子种下，一年后收获一批颜色更浅一些的花种。就这样一年又一年，直到 20 年后，她才在花园里看到了一朵近乎白色的金盏花。这 20 年，她的孩子们劝她放弃，她却义无反顾。

20 年，回首是一个瞬间，过起来却是一段漫长岁月，白了头发，皱了皮肤，弯了腰背，而且始终是一个人。

日本有个剑客去拜师，他问师父："我想成为出色的剑师，要学习多久？"

师父说："一辈子。"

剑客问："我可以当你的奴仆，为你鞍前马后，只要你教我剑术。这样要多久？"

师父说："十年。"

剑客又问："我没有那么多时间，我的父亲已经年迈，我需要更多时间来照顾他。所以我会更加努力地学习，学成需要多长时间？"

师父说："三十年。"

剑客问："刚才是十年，现在是三十年？我想在最短的时间内练成。"

师父说："你这样着急，可能需要七十年。"

剑客知道师父是在说自己急功近利，于是沉下心来，跟随师父学习。只是师父每天并不教导他剑术，而是让他洗衣、做饭。转眼就是三年，剑客有些着急。就在这一天，剑客正在厨房做饭，背后忽然遭到重击。他回身看到师父举着木剑，得意地看着他。第二天，师父又来偷袭。剑客警惕起来，随时准备对付师父的偷袭。就这样过了几年，剑客成为日本著名的剑术高手，他的名字叫柳生又寿郎，师父名叫宫本武藏。

梦想不是一件励志的事情，有可能你努力一生也未必可以企望，但如果从未追寻，就半点实现的概率都没有。而在你准备好追求之前，要先准备一场与孤独之间的恋爱，只有把孤独当作爱人一般相处，才不会感到凄苦。

如果相信自己，就要给自己时间

你总在给自己设限，比如到了什么年纪就必须做到什么事，或者过了什么年纪就不能去做什么事。除了体力上的弱小之外，绝大多数是精神上的虚弱。如果你有梦想，真的对梦想忠诚，那就要相信自己，并且给自己足够的时间。它什么时候实现，都不算晚。

他为自己取了一个艺名，叫悠远。今天问起他，是否还记得这个名字。

第一次正式采访悠远。按照他发给我的地址，从定福庄下车，路过传媒界的高等学府——中国传媒大学，走过一座有些老旧的天桥，穿过一排排气派的高楼大厦，眼前竟然忽然换了一种景象——属于这座城市的富丽堂皇消失殆尽，出现的是一条窄小、荒凉的小路，两边是一些气质寒酸的平房，大概是出于安全考虑，有的房子外面围着一层铁丝网，就像《穿条纹睡衣的男孩》里的集中营。即便是白天走在这里，也担心不知哪里潜伏着居心叵测的匪徒。

沿着小路走了大约20分钟，视野变得开阔，周围是一片片灰色的土地，应该是等待建筑新一批高楼的圈地。过一座已经没有水流的小石桥，路过旁边各种各样的发廊，街边有些漂亮的女人在闲聊，还有一些光着屁股的小孩在蹒跚走路。他在电话里指挥我：“就要到了，看到前面婚纱照的广告牌了吗，在那右转就能看到我。”

外面是2万一平方米的中高档小区，毗邻第二外国语学院，然而穿过它却是这番模样。北京这座城市，复杂得令人难以想象——这是它特有的包容，富人、穷人，都有立足之地。这也是专属于它的残忍，美丽的外壳里藏着许多人的艰辛和苦涩。

转过弯，看到他热情地朝我挥手。跟着他又走了一段，来到一个二层小楼。很显然，那本不是一座小楼，二层全是建筑工地那样的蓝白色塑料板搭成的违章建筑，冬冷夏热。不远处是一所公共厕所，外墙上写着大大“男”字，或许真的没什么女孩子敢住在这种地方。

“这里多少钱一个月？”

他说：“500块。我此生最大的梦想就是住上有独立卫生间的房子。”

他住的房间大概七八平方米，放着一张双人床，一张电脑桌，还有一把吉他，几只音响。三个朋友正在一起吃火锅，一屋子麻辣锅底的味道。他笑着说：“我半年没吃到肉啦。”房间非常拥挤，他在床上划拉出一块地方，请我坐下。

“别看这地方小，可总很热闹。我有不少歌也是在这写成的。”说完他拿起吉他，唱了起来：“如果人生是短暂的 / 我希望每天都是快乐的 / 如果人生是无味的 / 我希望每天都是充实的……”

悠远是音乐专业的毕业生，跟所有学习音乐的人一样，期待有一天人人都会唱自己的歌。为了实现这个梦想，他从东北老家来到北京。来的时候没有钱，在后海找了份提供住宿的服务员的工作，同时兼职酒吧歌手。“那时候觉得特别知足，虽然赚得少，但有机会给客人唱歌，还有一日三餐。”他平静地说，似乎那段回忆一点都不辛苦。

一个月后，他找到一个更适合自己的平台——在一家唱片公司当助理，一个月 1500 块。“我房租每个月 500 块，吃穿用度 500 块，剩下的都攒起来，想买一台自己的录音设备。业余时间还去王府井的地下通道卖唱，最多的时候一天赚了 130 块。”

我问他：“卖唱感觉怎么样？一开始有没有觉得不好意思，甚至有些丢人？”

他连忙摇头说：“不丢人。140 平方米的地方都是我的，那感觉特别痛快。就算一开始有点不好意思，想到将来有钱买录音设备，就来劲儿了。”

他说这些时，没有一点试图逃避那段艰辛的遮掩，反而有一种豁达与乐观，用他朋友的话来说，“他是个敞亮人。”

助理工作做了两年，他跳槽到另一家唱片公司当起了企宣总监。“一方面想多赚点，一方面想找个更大的平台。现在赚得还行，很快就能住进正经的楼房啦。”他说到这里眼睛异常光亮，就像一个熬到了假期的学生。

我问他："想过离开北京吗？"

他根本没有犹豫，斩钉截铁地说："想过。但不是要逃走，而是要在这里实现梦想再走。北京生活节奏太快，人活着又不真实，明明想的是一套，做的是另一套。人为了金钱把自己变得狼狈，很累。尽管如此，我还是必须留在这里，这里平台大。"

他的一位朋友放下筷子，在浓浓的火锅蒸气中探出头来，对我说："我也想走，一是父母不在身边，不好照顾；二是太忙，连处个对象的时间都没有；三是年纪大了，想结婚，可在这里根本结不起。"

悠远回头看着他说："我30岁时，一定已经有了第一桶金。我要在这里跟北京慢慢耗。"接着他转过头，对我说，"如果相信自己，就要给自己时间。"这时他距离30岁，不过只有几年的时间。

那次采访之后，我们只见过两三次，但关于他的消息从未间断过，因为他在行业内开始小有名气。几年过去了，他即将30岁。梦想，虽然还在路上，但已然越来越近——他住进了楼房，宽敞明亮，有独立的卫生间；他在客厅摆放了一套录音设备，并用这些设备录了不少歌曲传到了网上；他买了车，可以随时送喜欢的女孩子回家。但他推迟了离开北京的期限，或许将变成无期。

我每每看到他的消息，总会想起当年他说的："如果相信自己，就要给自己时间。"我当时认为，他是想设定一个实现梦想的期限，现在却想明白，根本没有什么期限，哪怕是垂垂老矣，如果有梦想，还是要为之努力。

年龄，你在乎它是岁月，不在乎只是数字

你可能跟我一样，为自己在某个年龄阶段设计了一些目标，足够幸运，它们都实现了，但实现之后呢？竟然有些茫然与空虚。然而大多时候是失望的，它们没能全部实现，那这一岁就成了最难熬的一岁。又或者，想做什么，碍于年纪而不敢放手一搏。临终时发现，真的是一件喜欢的事都没做成。

30 岁，听起来是个分水岭一样的年纪，因为孔子当年说过："三十而立。"几千年后，不管男女，都在这句话的循循诱导下想在 30 岁做出成绩——男人 30 岁应该有成熟的事业作为立足的根本；女人 30 岁应该有个温暖的家庭。似乎过了 30 岁，就再没有奋斗的机会了。

有人很喜欢对我说这句话，"三十而立，你即便 30 岁没有一份有前途的工作，也应该结婚生子。"

"是谁告诉你三十必须而立？孔子吗？他当初可不是这么说的。《论语》中的原话是：'吾十有五，而志于学。三十而立，四十而不惑，五十而知天命，六十而耳顺，七十而从心所欲，不逾矩。’你就这样把‘吾’给抹掉了吗！”

“这又有什么关系？”

“因为这段话本身是孔子对自己一生的总结，并不是让人人都像他一样。他是圣人，人人都能做到他这样，岂不是每个都是圣人？”

当然不可能每个人都是圣人，我们没办法做到像孔子一样15岁就有了做学问的志向和才能，也很难做到在30岁时有他那样的成就。更何况，三十而立哪里是让人在30岁时成家立业，南怀瑾在为《论语》做诠释时说：“他说15岁的时候，立志做学问，经过15年，根据他丰富的经验，以及人生的磨炼，到了30岁而‘立’。立就是不动，为人处世的道理不变了，确定了，这个人生非走这个路子不可。”

即便是在30岁时确立了为人处世的态度和方式，之后的漫长岁月也会不断质疑和改变，可能要到40岁才能“不惑”。你该以哪个年龄来作为人生的分水岭？

我在29岁时为30岁制订了一些计划，希望以全部能实现来作为30岁的礼物，其中包括拿到心仪学校硕士研究生的录取通知书。

我过了人生中最充实的一年，工作、学习相交替，业余时间都交付给图书馆，没有时间去烦恼、生气，情绪反而平和。

那是第一次考研时间改到了每年的1月，这意味着考生考试前最重要的两个节日，圣诞节和新年都将在书本中度过。

参加过考研的人可能有同一种心情，它好像牵连着一场命运改变的机会，必须好好表现，所以精神高度集中，不敢疲惫。然而我毕竟过了必须靠它来改变命运的年纪，所以它对我来说是一份待拆的礼物，得到了是惊喜，得不到只是有些失落而已。于是节日，我即便没有聚会，也想出去走走。

圣诞节的商场人满为患，即便穿得轻薄，在里面拥挤一番也是满身汗水，而且节目乏味，跟往年一样的陈腔滥调，还不如早些回去。就在穿好外套准备出门时，我才发现钱包不知何时已不翼而飞了。我有个不太好的习惯，所有关乎身份、身家的东西全都塞在钱包里，包括身份证、社保卡、银行卡，等等。好像一个准备随时跑路的人一样，觉得这样才非常有安全感。钱包丢了，我的安全感也丢了。可最令人着急的是身份证，因为几天之后的考场，它是唯一可以确认身份的证件。

在接下来的几天中，我奔波于派出所和学校之间，一方面希望可以获得警方出具的身份证明，另一方面希望学校同意我使用其他证件参加考试。然而这两方面，都被杜绝了。我竟然无法证明我是谁。

你或许可以想象到我的焦虑，又或许认为这不是什么大事，但就当时的我而言，有一种“努力那么久，全都枉费”以及“我 30 岁真倒霉”的感受。

于是在 30 岁生日到来之前，我一直走在补齐证件的路上。就是这段路，让我磨平了失去考试机会，更准确地说失去 30 岁最美礼物的沮丧，转而投入到复杂烦琐的办证程序中。在 30 岁生日的前一天晚上，从去年就计划要痛快玩一晚的我在疲累中早早睡去，第二天又是新的忙碌。

醒来的那一刻我豁然开朗，原来 30 岁，就是这样而已，没有变得更好，也没有变得更坏，不过是漫长生命里的普通一天而已。这天依旧在处理工作，在电脑前一坐就是几个小时，晚上跟家人一起吃饭，谈论的还是各种社会新闻和各自的遭遇，晚饭后大家一起看电视，还是昨天的电视剧，还是每周这天要播出的娱乐节目。一切，如昨。

我不再将某个年龄视为特别的界线，而是每一天都努力地与生活为友。这样一来，想要实现的梦想，什么时候都可以开始，由此少了许多计划落空时的颓丧。

就像村上春树在 30 岁时关了生意兴隆的酒吧，专心当起了作家一样，年龄对他来说只是度日的刻度，只是提醒他来到世上多久，不是阻碍他随心生活的门槛。

正如我们知道的那样，村上春树毕业于早稻田大学第一文学部戏剧专业，踏入社会后在几家电视台工作，由于工作枯燥乏味而选择自己开店。

他喜欢爵士乐，所以开了一家爵士乐酒吧。这不是件容易的事，他每天凌晨就要开始干活，进货、打扫、营业待客、处理客人纠纷、算账，结束营业时已经是另一个凌晨。但他觉得这没什么，他说自己是一匹马，不是比赛的赛马，而是从事杂役的驽马，有着吃苦耐劳、不惜体力的优点。

在这些优点的帮助下，村上春树成为一个小有成就的老板，酒吧雇用了几个伙计，他的睡眠时间比从前长了，收入也多了，生活小富，事业小成，虽然不是什么行业大鳄，却足够过上想要的富足生活。

但这样的生活过了几年，他开始怀念写作。写作是件劳神费力的事情，需要大把的时间和旺盛的精力，想写，就要减少在酒吧上投入的时间。

在某个下午，东京的明治神宫棒球场上正在举行比赛，第一击球手轻松地击中速球，而且快速到达二垒，村上春树坐在场外，不住地为此鼓掌喝彩。就在这一刻，他以一个局外人的身份看懂了一些事：想击中球，需要一种轻松的身法，想活成自己想要的样子，也要扔掉许多顾虑，去写小说！

这一年，他 29 岁，在几年未曾动笔之后，他先买了一支能用的钢笔，然后在书桌前开始构思。入秋之后，《且听风吟》完成了。写完了，然后呢？他不知道。那时“群像新人奖”征稿，他便把它投去，之后便忘记了这回事，继续当他的老板。

就在他 30 岁的春天，“群像”评审委员会找到他，说他的小说入围了最后一轮评选。村上春树不太明白，“这是什么意思？”他还没有完全投入角色，因为每天写小说的同时，他仍然要进货、打扫、安排员工工作、亲手调制鸡尾酒和烹饪美食，只有打烊后才能写点什么。于是当委员会说这些的时候，他在想是不是酒吧入选了什么排行榜。

当他终于明白自己的小说有望得奖，这才高兴地跳起来。从此之后，他决定一心写作，不再经营酒吧。当时所有人都在反对，这不难想象，酒吧作为一份事业已经非常成熟，春树当老板也越来越得心应手，中途转行，风险太大，也太可惜，况且他已经过了 30 岁，应该是力求稳定的年纪。但他想，既然想做就要专注，年纪从来不值得忧心。

就这样，我们看到了许多优秀的著作：《挪威的森林》《海边的卡夫卡》《神的孩子都跳舞》《世界尽头与冷酷仙境》……

年龄这东西，你在乎时，它是岁月，不在乎时，它只是数字。

有笔账，你得好好算算

我们时常会在坚持梦想的路上遇上巨大的诱惑，人都会本能地趋利，然而要不要张开怀抱拥抱它，需要冷静地算计一下。怎么算？不是像称重那样几斤几两地精确计算，而是为长久的未来算一算，现在舍弃正在坚持的东西，是否值得？

母亲着急地给我打电话，让我帮忙劝劝小罗，说有家公司请他去设计游戏，他现在正闹着退学去赚钱。

“等等，小罗是谁？”这对我来说完全是个陌生的故事。

母亲在电话那头一顿：“小罗啊！你忘记了，你小表叔的小儿子，他两三岁时来过咱们家，你还抱过呢。”

“小表叔又是谁？”

“小表叔都忘记了？你外公的表弟的儿子，你小时候，他还抱过你呢。”

亲戚之间的感情，大多就是这样“一抱之缘”，并没有什么实际的来往，只是这“一抱”就要互相帮助，这就是中国千年来的熟人社会。

“为什么让我劝？我跟他根本不熟悉！没资格，也没能力。”

“你小表叔一家没什么文化，知道你是写东西的，觉得你有水平。而且他们还给小罗买过你写的书，你现在是小罗的榜样。”母亲的口吻充满了骄傲。

我突然不知道怎么回应，一个跟我没有实际接触的人，就让我像个人生导师一样去阻止他对自己的生活做出选择，怎么想都不合适。

然而母亲还是将我的号码自作主张地给了小罗。就这样没有一点点防备的，我跟小罗聊了起来。

小罗是个开朗的男孩，热情而且风趣，说他在学校非常受欢迎我是相信的。他喜欢游戏，报考专业的时候就填了动漫制作，还有两年毕业。

我是个从小被游戏“毒害”的孩子，小学三年级活在任天堂的《魂斗罗》《绿色兵营》和《双截龙》里；五年级就在国产 RPG 游戏的海洋里徜徉，那时《仙剑奇侠传》还是 DOS 版；中学有网游版《金庸群侠传》和《反恐精英》；大学有 Gameboy……所以很快能跟小罗找到共同话题，让他对我更加信任。

大概是两个星期后的一天，在我们胡扯了许多对国产游戏的评价和展望之后，他终于主动跟我提起了退学去赚钱的事情。

他说那是一家游戏制作公司，公司制作部门的领导是他的学长。学长对母校有感情，希望多多提携母校的学弟学妹，便在每年毕业季来学校招人。按说小罗没有毕业，是不在学长考虑范围之内的，但他刚刚在全国一次不小的比赛中崭露头角，虽然没有拿奖，但进入十强的，全校只有他一个人。小罗被当成优秀人才推荐给了学长，学长对他非常感兴趣，便大胆地提出了让他去公司做游戏的建议，每月有不错的薪酬。

对于一个要靠父母生存的大学生，一个急于实现自我承担能力的成长中的男人来说，这无疑是个巨大的诱惑。

我问他："有那么想去吗？"

他说："如果说这意愿有多强烈，倒没有，我高中时因为喜欢游戏而学了动漫制作，但慢慢发现我更希望能做一部动画电影，就像梦工厂和皮克斯做的那样。"

"那为什么一定要退学去工作呢？"

"因为我想赚钱，想减轻父母的压力。"

这是个好孩子，但这么听来，这似乎是笔不太划算的生意。

我说："赚钱可以等到毕业后。"

他说："毕业后怕没有这样的机会了，不是说要勇敢地抓住机会吗！"

我想他被大量偏激的励志文章带错了方向："机会是应该掌握，但也要看是不是值得抓住的机会。"于是我发了一篇故事给他，既然他那样迷恋励志故事，就用故事来与他对话。

里基·亨利，一个红极一时的棒球明星。小时候的亨利，家里十分贫穷，但家人并没有因此而自怨自艾，反而经常鼓励亨利去做自己想做的事情。亨利从小就喜欢打棒球，希望有生之年都能奔跑在棒球场上，挥动手中的棒球棍，打出一个个漂亮的全垒打。

因为热爱棒球，亨利从小就跟随教练学习，到了16岁的时候，他已经可以扔出一个时速90英里的快球，而且可以准确击中任何一个想要击中的物体。教练将亨利视为一个有前途的棒球手，并一直悉心教导他、鼓励他，让他建立自信。

在某个暑期，亨利接到了一个朋友邀请，请他一起去做一份暑期工，可以得到每小时3.25美元的报酬。这个报酬不算高，但是对一个穷苦孩子来说，能以自己的力量为家里人减轻些负担，是件值得骄傲的事情。于是，亨利告诉教练，他要在暑期停止训练和比赛，去打工赚钱，攒钱为母亲买房子，也赚些平日的零花钱。

教练听到亨利的决定，暴跳如雷，他说："你还有一生的时间可以工作，但是你练球的日子是有限的，你根本浪费不起。"

亨利有些尴尬，他拼命解释自己需要这份工作，需要那些报酬，他要努力赚钱为母亲买座房子，因为这是除了棒球之外，他最大的梦想。教练问道："你做这份工作能赚多少钱？"亨利开心地回答："每小时3.25美元，教练。"教练又问："你认为，一个梦想就值每小时3.25美元吗？"

亨利犹豫了，一边是立即可以得到的报酬，一边是一个远大的目标。他在心里仔细计算，一个既得的报酬是每小时3.25美元，如果每天工作两小时，那就是6.5美元，30天是195美元，浪费掉的是每天几个小时的练球时间，而这些练球时间可能会将自己培养成未来的棒球明星。为了195美元，放弃未来成为棒球明星的机会，的确有些得不偿失。最终，他决定放弃暑期工的机会，全身心投入训练。

就在同年，亨利被匹兹堡海盗队挑选为队员，而且拥有了价值2万美元的身价。不久之后，他又获得了奖学金，有了继续学习的机会。在未来的日子里，亨利不断在运动场上努力，最终在 1984 年，跟丹佛的野马队签订合同，身价飙涨到 170 万美元。他不仅为母亲买了一座房子，而且成为一个有价值的运动员。

“现在我们来算算这笔账，你现在中途退学，省下了两年的学费，去比同龄人多赚两年的工资。两年后，你的同学掌握了比你更多的专业技能开始找工作，或许你那时已经有小小的成就，你的工资要比他们高一些。但 3 年之后呢，5 年之后呢，10 年之后呢，你的技能被消磨殆尽，不得不重新进修，而别的同学很快迎头赶上，可能也要去进修。这个时候，你们工资水平已经拉得很近，又同时进修，你要补上那两年的学习空缺，而他们则比你进修得更高一级。等到进修完成，他们就已经超过你了。这一切还只是建立在你这两年混得不错的前提下，如果你那两年做得并不出色呢？那样你就既没有多赚多少钱，又失去了宝贵的读书机会。况且，你还那么想投身动画电影呢！”

他看着这道长长的计算题，沉默了良久。过了整整一天，我接到了母亲的电话，她兴奋地说：“你小表叔要谢谢你，小罗打算继续读书了。”

这笔账，你算得清楚吗？

坦诚说“我不懂”，其实很优雅

你一定有不懂、不会的东西，下次试着告诉别人，未必一定会得到帮助，却一定是助你历练为一个社会人至关重要的一步。还有，下次碰到不懂、不会的人，帮帮他们，就像帮助曾经的自己一样。

有一群人坐在一起做了个游戏，“说出最让自己尴尬的时刻”。大家面面相觑，没人愿意第一个开口。

“这样吧，转酒瓶，瓶口指向谁，谁就说。”有人这样建议。

酒瓶第一次旋转，瓶口指着一个瘦弱的姑娘，旁人起哄着说：“快说快说。”

灯光昏暗，看不清她是否不好意思，只能从不大的声音里听出她的内敛：“我最尴尬的时刻，就是来到北京读书时上的第一堂电脑课，我家在农村，没用过电脑，连打字都不会，更别说用电脑做作业。坐在多媒体教室里，看着别的同学都灵活地敲着键盘，可我连开机键都没找到。我不好意思去问同学，担心尴尬，于是撒了个谎说电脑好像坏了，开不了机。旁边的同学很热心，来帮我解决问题，他按下开机键，电脑嗡嗡响了起来，他说‘没坏，能开！’我这才记住了开机键在哪。然后他转头淡淡地说了一句‘你是不会开机吧’，我没回答，他也没追问，我们各行其是。被人看穿我不懂，是我最尴尬的时刻。”

似乎很多人都有相似的经历，于是在她说完后，大家纷纷倾吐自己的尴尬：

“我到银行上班的第二年，负责大客户维护。有一天，有个客户打电话给我，说他十分钟后到银行楼下，让我把准备好的一份资料给他。我拿着资料下楼去等他，看着他开着一辆特别漂亮的跑车向我驶来。那是我第一次见玛莎拉蒂，第一次见开玛莎拉蒂的土豪。车停下来后，他示意我上车。我上车跟他解释了资料内容后准备下车，精彩的时刻来了，我不会开车门，我在车门上摸了半天，都找不到像其他车一样的开门把手。客户看着我没头没脑地在他车里乱摸，就问我怎么了，我才说不会开车门。那一刻尴尬极了。”

“我刚当老师的时候，有个同学问我问题，其实我不会回答，但不能直说，担心被学生们取笑，于是就编了一个答案。第二天上课，那个问问题的同学又站起来跟我说，老师你那个回答是错误的，正确的答案是这样的。他说完后，全班同学都盯着我看，好像我一旦承认自己错了，他们就再也不信任我似的。于是我硬着头皮说自己是对的，跟那个同学争了半节课，最后嗓子都争哑了。后来我才发现，那种极力掩饰自己不懂的行为比不懂本身更让人尴尬。”

我想说的正是这点，掩饰不懂、不会，比不懂本身更让人尴尬。成熟的优雅不是装作见过世面、无所不知，而是坦诚自己不懂。

我初入职场的时候，连打印机和复印机都不会使用，工作室领导要求我复印几份资料，我站在复印机旁边不知道如何下手。我想，这些机器都大同小异，只要我研究一下就一定能学会，总之不能去询问同事。

这其实是件小事，那样微不足道，但对于刚刚进入社会的我来说，这关乎我在别人眼中是否聪明，是否值得委以重任。年轻的轻狂，总是这样令人迷惑。就这样，我在复印机面前站了快 10 分钟，还是没有完全掌握使用方法。

这时有个同事小步跑来，说:“领导找你呢，问你文件复印好没有，她着急用呢！”这时我才急着说，我不会用复印机。同事并没有表现出我预想中的“连这个你都不会”的神情，相反非常和蔼地教我使用。

我把文件送到领导办公室，领导皱着眉问:“怎么这么久？”

我尴尬地说我不会使用复印机，领导的眉头突然舒展了，体谅地说:“原来这样，现在学会了吗？”

我点点头。她说:“以后不会的就问同事，没关系，慢慢就都学会了。”

我才发现，原来痛快地承认自己不会做、不懂得，未必就会换来轻视，反而得到的是谅解与帮助。从那之后，但凡不明白的，我不会再死撑，而是放下面子和架子，去认真询问，工作效率比之前提高了许多。

在见识方面也一样如此，跟朋友出门，没吃过的东西就是没吃过，没见过的新鲜事物就是没见过，没看过的书就是没看过，不认识的品牌就是不认识，不懂的就是不懂，久而久之，我从不懂中学到了许多知识，都是因为他们会耐心讲给我听。就这样，不懂的变懂了，懂得的变多了。

从前王国维先生在清华给学生们讲课，讲的是国学。课堂上有学生会提问，有的问题非常独特，连王先生都不知道如何回答。他就那样坦诚地说："这个问题我不懂。"古汉语学家王力先生回忆王国维上课时的情景说："一堂课下来，老师有时会说好几个我不懂。"但从来没有学生就此认为王先生才识浅薄，反而更敬佩他的修养，"知之为知之，不知为不知，是知也。"

陈寅恪也同样如此，虽然他在历史与语言学上的造诣高到殿堂级别，但在面对不懂的问题时依旧承认自己不懂，所以他说他"于音韵之学，无所通解，故不敢妄说"，"于训诂之学，无所通解，不敢妄说"。

还有两位诺贝尔奖的得主，一位是著名的物理学家丁肇中，他在上课或接受采访的时候，涉及本专业的问题回答得缜密而清晰，令人不禁钦佩那科学家的大脑果然与众不同，但一旦涉及其他学科，哪怕是他小有涉猎，也会说"我不知道"。他说："拿诺贝尔奖，只是对很小的特殊领域有贡献，一个人不可能因为拿了诺贝尔奖，就把自己当成什么都懂的'万能专家'，对任何事情都可以评价，我可没这么大的能耐。"

另一位是诺贝尔经济学奖得主约翰·纳什，他在北京工商大学演讲，结束之后有位学生问他："从博弈的角度，该怎么看待人和人之间的关系，以及这些对社会制度转型和演化的影响？"约翰·纳什听完后沉思片刻，然后说："对不起，我没有能力回答这个问题。”现场一片哗然，在许多人眼里，这样一位经济学家竟然不懂如何回答一个研究生的问题。但人们渐渐发现，如果他随便说些什么，就可以显得睿智，但那答案未必严谨。他当时并没有考虑好，所以宁愿不回答，也不想用敷衍的议论来做出错误的导向。

世界太大，大到我们在有生之年根本无法完全了解；知识太多，多到我们即便一生勤奋好学也未必掌握到九牛一毛；每个人的阅历有限，有限到可能出了办公室就找不到更多的谈资；每个人的智慧也有限，未必对什么都了如指掌。

在不懂的时候就说不懂。成熟的人跟你走过同样的路，所以他们不会取笑你。而那些因为你不懂而发出嘲笑声的人，要理解他们，他们除了优越感之外，再也没有拿得出手的智慧。

Part 06

你只管向前，幸福自然会与你比肩

你想要幸福，我懂。

但追逐幸福不是件功利的事情，

不是你制定好许多目标，想方设法去实现就能获得。

其实更多时候，你只管向前走，幸福自然会来与你相遇。

它就像你丢了的东西，执意要找总是找不到，

等哪天不找了，它自己就出现了。

如果没有奇迹，就学会接受寻常

没有奇迹也没关系，很快会有别的事来让你忘记失去奇迹的失落感。就像你失恋时以为不会再爱了，可几个月后出现了另一个让你心动的人。这就是现实，它很残酷，也算是可爱。

第75届奥斯卡最佳真人短片提名中，有这样一支短片，来自法国导演：

镜头里是一个长相平平，有些年纪的金发女人。她是所有普通人中的一个，可以是你，可以是我，可以是我们任何一个人。她平凡，却渴望爱情。走在被寒冷季节包裹的街道，虽然萧瑟，但一定有那么几对男女在热情相拥或接吻。她看在眼里，嘴角上扬，脸上是掩盖不住的对爱情的向往。

穿过热恋的街道，来到地下铁，她的目光始终难以离开跟爱情有关的一切痕迹，比如在扶梯上亲密细语的情人，地铁站里坐在一起的年轻男女，荷尔蒙让他们看起来非常耀眼，让她忍不住要多看几眼。

地铁驶入，她和一群人挤上了地铁。这里一样有爱情在悄然涌动，催动了她心里种了许久的花朵。在地铁开动的那一刻，一个高大的年轻男人站出来进行了一番有趣的演讲，他不是乞丐，不是流浪艺人，不是打算乞讨，而是希望获得爱情。他说前不久刚看到一本杂志，说法国有500万单身女性，可他却没找到一个。他今年29岁，是个工程师，算不上事业有成，但起码稳定，收入也不错，生活安稳，唯独缺少爱情。他已经单身3年，厌倦了一个人吃微波食品，厌倦了晚上一个人看无聊的节目，他希望能跟一个同样对爱抱有希望的女士来谈谈爱情。

人们哄堂大笑，她也跟着笑，但眼中却饱含感情。男人在笑声中继续介绍自己，他热爱运动，擅长做饭，一直相信幸福的存在，所以鼓起勇气要主动寻找。他的范围很宽泛，从18岁到55岁，只要是单身女性，如果愿意跟他探讨爱情，就在下一站同他一起下车。

这时有个体态臃肿的中年男人嘲笑他说："我结婚5年，无时无刻不在感受煎熬。如果你需要，我可以给你我老婆的电话。她一定乐意跟你认识。她很爱钱，正好你有钱。"

又是一阵哄笑，人们变成了观众，看着年轻男人该如何回答。

"我想要的是一段感情，不是一场交易。"年轻男人说。

虽然没有拍出来，但我从那些围观者的脸上似乎看出了一种心情："得了，这世上哪有不跟钱挂钩的爱情。"

中年男人不依不饶，继续嘲笑他，给了他一些现实又不友好的忠告。年轻男人说：“我想这位先生从未体会过爱情。”中年男人尴尬地回了一句脏话。

此时地铁已经进站，眼看就要停车，年轻男人急迫地又重复了一次：“请有意愿的女士这一站下车。”

这种突如其来的美好就是寒冷中的一道阳光，温暖了金发女人的心。她决定像这个年轻男人一样勇敢，毕竟他看起来是个不错的对象，值得为他冒一次险，万一有爱情奇迹呢！于是在开门之后，她看着男人，笑着下了车。然而，男人没有下车。在车门关上的刹那，女人在站台上隔着门听到一句话：“对不起，这只是一场戏。”

镜头停在了女人惊慌错愕又失望尴尬的脸上。奇迹，没有出现。

同样的事情发生在很多人身上，满怀期待，最后落空，不只是针对爱情。老友的爸爸查出肺癌，在坚持治疗的两年里，我跟老友无数次说要相信有奇迹，她愿意相信，可最终奇迹没有出现。老友爸爸的生命最终停在了 55 岁，老友打来电话，哭到连一句完整的话都说不出。奇迹没有出现，接下来该怎么办？我用一个月完成了两个月的工作，为了能快点去另一个城市陪伴她。

一路上我都在想如何安慰她，当她号啕大哭的时候该用怎样的姿势拥抱她。当她开门的那一刹那，我几乎要哭了出来，她却像以前一样招待我，平静而寻常，没有大哭，没有抱怨，只有一丝可以察觉的伤感。她讲了更多她爸爸离开后的琐事，比如怎么处理跟两位姑姑之间的房产问题，因为奶奶的房子将来作为遗产，是有她爸爸一份的。如今爸爸去世，姑姑们希望她和她的妈妈放弃继承遗产的权利。不仅没有出现奇迹，还出现了更糟糕的事情。

比起失去爸爸的痛苦，老友表现出更多的是对姑姑们冷酷无情的愤怒和失望。原来没有奇迹，日子还是要寻常来过的，依旧是要面对各种喜怒哀乐、酸甜苦辣。

我想跟未知的你分享一句话：如果奇迹没有出现，请接受生命中的寻常。也许我一个人很难接受，你一个人也很难接受，没关系，这才是我们要相互扶持的原因。

不当你的对手

不当你的对手，不当他的对手，不当自己的对手。有一千种方法相处，逃避未尝不是最好的。这里说的逃避不是你选择放弃应该承担的责任，而是选择放弃你可能会背负的枷锁。

有个猎户晚上熄灯准备睡觉，突然听到窗户响。

他问："谁在外面？"

外面回答："我是附近的鬼。先生莫怕，有一事相求。"

猎户天生大胆，不畏鬼怪邪灵，他问："什么事？"

鬼说："我本住在附近的一座孤坟里，前段时间出去串门，回来时发现墓穴被几只狐狸占了。它们数量多，我打不过它们，只能在外面游荡，得知先生神力，特来相求。"

猎户说："你让我怎么帮你？"

鬼说："你这几天就在孤坟附近转一转，看见狐狸追一追，别抓住它们、别伤着它们性命就行。"

猎户说：“这个好办。”

接连几天，猎户都在孤坟附近转悠。

这天晚上，鬼又来了，它隔着窗户说：“我是特地来谢谢先生的。狐狸它们已经都走了，它们知道附近住着猎人，不敢再住下去。”

猎户问：“你为什么不求土地神明帮你？明明是你有道理。”

鬼说：“我若禀明土神，或许可以侥幸得申，它们也会走。但这样一来，怨怼就结下了，它们迟早会来报复我，最后还是不胜。”

猎户又问：“我抓几只也行。”

鬼又说：“你抓几只，难保不会泄露天机，把我求助于你的事情暴露出去，这样它们一样会怨恨于我。”

猎户这才晓得鬼的大智慧。

这故事出自《阅微草堂笔记》，纪晓岚在最后说：“夫鹊巢鸠据，事理本直，然力不足以胜之，则避而不争；力足以胜之，又长虑深思，而不尽其力，不求幸胜不求过胜，此其所以终胜欤！孱弱者遇强暴，如此鬼可矣。”

大致意思是，能力不如对方的时候，就躲开不跟他们争；能力足以对付他们的时候，又要长远考虑而不完全运用自己的能力。不以侥幸获胜，不求过分胜利，这就是最终胜利的方法。弱者遇到强者，像这个鬼一样做就可以了。

说到这里我又想起《黄子华栋笃笑》里的一个段子，他说如果跟一个气势汹汹的人发生冲突，即便是你占理，对方如果说“不服气打一架啊”，你也最好是有多远走多远，不逞一时之能。为什么呢？如果对方明显比你强壮，那你注定挨打；如果对方不如你强壮，可却气势凶狠，那他必然有过人之处，要么就是藏了什么武器，所以不管怎么样，都是离开最好。

小木离开这座城市时，我写了上面这篇文字送给他。我跟他说："永远不要主动当别人的对手。"

小木离开这座城市，是带着灰心走的。他在公司跟这个斗，跟那个斗，用在斗争上的时间和精力远远超过了工作，于是一个恶性循环形成了，他们找他斗，他接招、拆招、还招，工作不再专注，他们更抓住了他的把柄，用工作上的疏忽继续找他斗。有一天，小木忽然厌倦了，他问自己："为什么要过这样的日子，为什么要把时间和生命都浪费在无止境的人际斗争上，既然他改变不了环境，也无法适应，那索性逃得远远的好了。"所以他递交了辞呈，同时也"炒"了这座城市。

我挽留过他，因为这座城市里，我的朋友一个个减少，我越来越孤独。即便奋斗是个人的事，成群结队也是可以相互取暖的。可小木铁了心要走，他告诉我，这样大的城市，人太多了，一人一个脑袋，一个脑袋一个想法，一个想法一张嘴，那么多张嘴，说不同的话，根本无法安静，实在是辛苦。

他没告诉我什么时候离开，只说是最近。于是吃了散伙饭的当天晚上收到他已经离开的信息，我有一种被遗弃的感觉，就好像被父母骗着说，"你在这等我，我很快回来"，然后却再也没有回来。随后我写了上面这篇文章发给他，当作送别的礼物，也顺带骂了句"骗子"。他回信说："对不起，我逃了。我不当别人的对手，你也不要再当自己的对手。"

那晚的月光，格外寒冷。

当年一块泥

什么样的情深义重才能保证一段亲密关系的长长久久？或许，是懂得彼此。然而什么是懂得，是明白你的喜怒哀乐从何而来，是愿意帮你渡过难关，还是能与你分享快乐？

你可知道，令人称羡的爱情或婚姻，不是旁人眼中那样一帆风顺的，终归会有争执与吵闹，还是会有哪怕一点点、一瞬间离开彼此的心。然而它们真正可贵的地方在于，总是有一方懂得成全与退让，也懂得如何在危机出现时及时提醒彼此“我很爱你”，就像赵孟頫有了纳妾之心，妻子管道升没有疾言厉色，没有发指眦裂地质问，没有歇斯底里地怒吼，而是温婉、悲戚地写了一封长信给赵孟頫：

“你侬我侬，忒煞情多。情多处，热如火。把一块泥，捻一个你，塑一个我。将咱两个，一齐打破，用水调和。再捻一个你，再塑一个我。我泥中有你，你泥中有我。与你生同一个衾，死同一个椁。”

字里行间是对过往缱绻的深情回顾，赵孟頫似是在梦中被人忽然叫醒，想起了妻子的许多好处，顺势便也想起了，这世上最懂他的人，就只有一个管道升。

管道升与赵孟頫相知相爱的时候，女的28岁，男的36岁。即便是在现代社会，这样的年龄也在剩男剩女的行列之中。为什么剩下？管道升从小学习诗书礼仪，聪慧过人，十几岁便在书画方面占据了自己的位置，不能说清高，属于自己的骄傲总是有的。她在挑选爱人方面有着与众不同的执着，金钱、权势、地位都不在她的择偶条件里，她能看得中的，必然是富有才情，与她心有灵犀的。为了等待这样一个人，她走过了最好的出嫁年纪。

赵孟頫，宋太祖的第十一世孙，本应是王孙贵族，无忧无虑地生活在深宅大院中，找一位地位相称的女子成亲，无惊无险地过完富贵人生。可惜的是，宋王朝在他17岁时宣告结束，生活一夜间遭遇颠覆，从贵族变成了百无一用的落魄书生。直到34岁，赵孟頫被前来选拔能人志士的御史看中，将他推荐给元世祖，这才告别了贫寒，当了一个从四品的官。

但当官的日子过得并不舒心，赵孟頫顶着前朝贵族的帽子，在蒙古人面前受尽屈辱，而他从前的朋友、亲人也无法理解他为什么要去给蒙古人当官，这不是背叛先祖又是什么！就这样，赵孟頫在夹缝中艰难生存，生活缺少斗志，哪里有心思娶妻生子。

36岁时，赵孟頫和管道升相遇了，他第一次真切地感受到爱情的暖意，她则终于等到了要找的人。赵孟頫明亮的生活，到来了。

管道升是个懂他的人，懂他在官场上的郁郁寡欢，懂他在书画世界里的醉心。她写了几首《渔父词》送给他：

身在燕山近帝居。归心日夜忆东吴。斟美酒，脍新鱼。除却清闲总不如。

南望吴兴路四千，几时闲去霅水边？名与利，付之天，笑把渔竿上画船。

人生贵极是王侯，浮名浮利不自由。争得似，一扁舟，弄月吟风归去休。

意思只有一个，如果你做官不开心，就不要做了，做你真正想做的事，过你想过的生活，我会陪着你。

难得一个生活在封建礼教中的女人，有这样淡泊名利的情怀，竟不让丈夫去争名夺利，反而心甘情愿同他过粗茶淡饭的日子。王安石说："人生乐在相知心。"有管道升的相知心陪伴，赵孟頫才敢于在书画的天地里恣意徜徉，才有了为元朝皇帝所喜爱、为后人所称颂的"赵体"，才有了与欧阳询、颜真卿、柳公权并称的"楷书四大家"。

这样的管道升，赵孟頫倾尽所有去珍爱。一个深秋的夜里，凉风习习，管道升刚刚结束了最忙碌的一天。白天赵府设宴请客，长辈们来了一大家。管道升作为赵家主妇，在几天前就开始忙碌：先准备菜单，菜色酒水要顾及每一位宾客的喜好和健康；按照菜单进行采买，并不是所有材料都能买到，买不到时，只能想办法更换菜品或用其他材料取代。宾客临门当天，管道升天不亮就起床准备，待客的茶点要分盘装好，一一清点；给宾客中孩子的礼物、杂耍要事先准备好；菜单上一些程序复杂的菜品要先开始准备。她府中有佣人，虽不用事必躬亲，但查缺补漏、指挥管理，也足够她辛苦。

宾客一一到来，按照长幼尊卑入席。管道升陪着女眷谈天说地，还要照顾孩子们不受冷落，同时要兼顾男客那边的酒水是否要添加。宴席散后，管道升需要清点亲朋好友带来的礼物，将它们一一记在礼单上，并计划如何回礼。

等到这一切忙乱结束，已经入夜。管道升回到卧房，已经累得挺不直腰身。她忽然想起，还有一封给婶婶的信没写。待她准备研墨提笔，赵孟頫来了。他眼见管道升辛劳一天，无法出手相帮，已经非常自责，此时只有夫妻二人，帮她写封信总是可以的。于是他以管道升的口吻写了一封信，就有了著名的《深秋贴》。

此时的赵孟頫，已是书法大家，旁人对他的字千金难求。而他却就这样，在烛火之下，为妻子写起了一封家长里短的书信。或许写了那么多名帖字画，只有这一封短信最舒适惬意，忘记了官场孤苦，忘记了功名利禄，只是在帮妻子写一封温情的家书。应该是太舒适，落款时写成了自己的名字。赵孟頫没有涂改，只是在自己的名字下加了妻子的名字。以夫妻的名义写信，又何尝不是一种爱意。

正是有这样的温柔与疼爱，当赵孟頫想纳妾时，管道升才异常难过。然而她是聪明的，知道男人三妻四妾是正常的，可又不愿与别人分享爱情，所以她不像卓文君对纳妾的司马相如那样刚烈地回应“努力加餐勿念妾，锦水汤汤，与君长诀！”而是用“我泥中有你，你泥中有我”的饱满爱意唤回赵孟頫的真心。

赵孟頫看到这首词，内心羞愧至极，他总觉得自己是在辜负管道升，而这是他这辈子最不愿做的事。最终他放弃了纳妾的念头，一心一意要跟妻子长相厮守。

1319 年，57 岁的管道升去世。赵孟頫在悲痛中为其写下墓志铭，其中有一句："东山之原，夫人所择，规为同穴，百世无易。"管道升生前为自己择了一处墓穴，就在浙江德清县东衡山之原。赵孟頫和她相约，死要同穴。

1322 年，赵孟頫去世，跟管道升葬在一起，真正做到了"与你生同一个衾，死同一个椁"。

当年那一块泥，做了两个小人，你中有我，我中有你，从此急你之所急，爱你之所爱，痛你之所痛，这就叫相互懂得。

他哪里是怕你

有个怕你的人，要好好珍惜，不要随意打骂，不要肆意呼喝，不要轻易说散，不是所有人，都能爱你爱到这个地步。

我很难忘记，小草蹲在饭店门口，双手抱头，对着小花高唱："就这样被你征服。"小草是校草，小花是校花，他们两个在一起，怎么看都是天经地义。

小花在爱情里一直这样蛮横、强势，小草总是弱弱地追随她，怕极了她。小草不知怎么惹小花生气，小花当着许多同学的面，就这样怒吼着："你给我蹲那，唱《征服》，我说停你才能停。"小草觉得没面子，可又缺乏拂袖而去的勇气，他总说："我比她大一岁，就让着她一些。"于是就这样一直让着，让出了小花更野蛮的脾气。

我们总听小花经常挂在嘴边的一句："他敢！"

"他要是不来接你怎么办？""他敢！"

“他是不是自己先去吃饭了？”“他敢！”

“他不回你短信。”“他敢！”

“你再这样，他会喜欢上别的女孩。”“他敢！”

是的，他不敢，他总说自己怕小花。

每天早上，小草都提前半小时在女生宿舍楼下候命，怀里抱着小花前一晚交代要吃的早点，冬天怕凉，小草就在怀里捂着。等到小花下楼，早点多少失了些温度，小花脸一黑，捂着肚子说：“我肚子疼，你还给我吃凉的。”小草心疼地扶着小花，把还温热的早点塞进书包：“我背你去吃点热乎的东西。”小花赖皮似的趴在小草背上，舒服得让我们所有人羡慕。从那以后，小草准备了保温桶，专门用来给小花带热乎乎的早点。

小草和小花报名选修课，第一次在意见上发生重大分歧。小花想报逻辑学，小草不同意，说除了逻辑学，别的都可以。

“选别的吧！”

“不行！”

“分开选也可以！”

“你敢！”

“我保证，你每次上课，我一定陪你来，就在教室外等你。”

“不行！”

小花一如既往地坚定，小草却不再温温吞吞。人总是有底线的，不是所有选择都能盲目赞同。我也不知为何，小草在不选逻辑学这点，那样坚决、勇敢。

“我一直迁就你，你就不能迁就我一次吗？”小草从椅子上跳起来，眼睛瞪得溜圆，好似马上就要挥起拳头。

小花一愣，大概是第一次见这样的小草，大概是没想到小草竟然会为此生气，总之那一愣，愣了好久。等到小花反应过来，小草已经背着包离开了教室。

那天晚上，我没见到小花。要睡觉时，接到了小草的电话，他气喘吁吁地说："小花躲起来了，不见我。"

我问他："躲哪了？"

他报了学校附近一家宾馆的名字，然后继续说："前台不让我上去，他们给小花打电话，小花说不认识我。你帮我看看她，我很担心。"

我披上衣服，匆匆下楼，看到小草只穿了一件单衣，在深秋的冷风中瑟瑟发抖，想来是着急着找小花，连衣服都来不及多穿一件。小草看到我，就像一个丢了玩具的孩子看到了大人，那样充满希望又迫不及待："你去劝她，她听你的。"

到了宾馆，前台还是拦住了他，顺便也对我的来意充满质问。打电话确认之后，才肯放我上楼。

此刻的小花悠闲地窝在床上，随意地翻找电视节目，好像什么事都没有，问我："想看哪个台？"

我说："小草急疯了，满世界找你。"

"这不找着我了，不用担心了。让他回去吧。"

"我又不是话筒，要说你自己去说。多大事，要这样折腾他。"

"谁让他跟我瞪眼，长能耐了。"

"为什么不肯迁就他一次？"

"迁就一次，以后就有很多次。"

"你这样一步不让，不怕把他气跑了吗？"

“他敢！”

那晚，浪费了许多唇舌，小花也不肯让小草上楼。我清楚记得，小草坐在大厅的椅子上，疲惫地跟我说：“我特别想回家。我在家也是被捧着，被爱着的。”他非常平静，没有一点愤怒，没有一点抱怨，只是感到辛苦。

“给她些时间，会好的。”

他站起来，精神好像从他身体里一点点被抽离，就似一具行尸走肉：“不等了，我累了，回去吧，她不下来就算了。”我忽然觉得，他好像一转身，就再不会回头。我有些着急，问他：“为什么这次这么执着，不能去修逻辑学吗，这不是一件很小的事吗？”

他说：“我有个哥哥，大学主修逻辑，我高中时他崩溃疯了。大家都说是他学的专业害的，我妈哭着跟我说，让我无论如何不要学同样的专业。”

“你告诉她不就行了。”

“我说了，我早说了。一年前我就跟她说过，我哥哥怎么疯的，但她一点都没往心里去。”

我这才明白，他气恼的不是小花蛮横无理，因为她平常就是这个样子，而是受不了她不关注他，心里不装着他认为很重要的事，这让他觉得难堪，也觉得失望，这些情绪最后只变成了一个问号：“她到底喜不喜欢我？”

我将这件事告诉小花，小花哭着跟小草道歉，两人和好如初。毕业那年，小花说他们分手了，因为他执意要回老家，而她又不肯跟着一起走。她说着说着流出泪来，从哽咽变成抽泣，从抽泣变成号啕：“我一直觉得他不敢跟我分手。”

我说：“让他怕你，有什么好。这世上哪有谁把谁吓死的，又有谁离不开谁的，他哪是怕你，不过是太喜欢你。”

清代有本小说，叫《八洞天》，里面将怕老婆分成了三类：“势怕”“理怕”和“情怕”。

“势怕”有三：

畏妻之贵，仰其阀阅；

畏妻之富，资其财贿；

畏妻之悍，避其打骂。

“理怕”有三：

敬妻之贤，景其淑范；

服妻之才，钦其文采；

量妻之苦，念其食贫。

“情怕”有三：

爱妻之美，情愿奉其色相；

怜妻之少，自愧屈其青春；

惜妻之娇，不忍见其颦蹙。

成长到现在，我终于明白，多数怕，还是来自爱。《妙色王求法偈》中说得好：“一切恩爱会，无常难得久，生世多畏惧，命危于晨露，由爱故生忧，由爱故生怖，若离于爱者，无忧亦无怖。”

你觉得别人不幸，别人觉得你也不幸

你的天堂，可能是他的地狱；你的蜜糖，可能是他的砒霜。你不是他，又怎么知道他的幸与不幸？不要总是带着怜悯的眼光去看别人，更不需要可怜自己；不要活在别人的眼光里，也不要用自己的眼光丈量别人，他们或许有你看不到的宽广。

两个女人，住在一栋楼里，每天早上会在电梯里遇到，点头问好。每个人的早上都是匆忙的，全职太太的她要送孩子去学校，单身的她要去上班。所以她们从未停下交流过，也不知道对方住在几层几号。

全职太太送了孩子回到家，开始做家务，从扫地、擦地开始，然后从晾衣竿上收下已经干燥的衣物，把衬衫、外套熨烫平整，再整齐地放进衣柜。这些事都做完，已经是中午。她独自简单吃些，泡一杯茶，坐在午后温暖的阳台，翻一本书，或看一部电影。困了，窝在柔软的沙发里酣睡，就像睡在爱人的怀抱里一样舒适。

下午去买菜，准备晚餐。时间差不多了，就去学校接孩子。回来督促孩子学习、做晚餐，很快就是黑夜。丈夫总是不能按时回家，很多时候，她要留着晚饭，一直等到丈夫回家。晚上8点，监督孩子洗漱；8点半，督促孩子上床睡觉；9点，丈夫进家门，她去把饭菜热好，看着丈夫狼吞虎咽。

这样的生活，对她来说安稳美好。有时她会想到早上碰到的那个单身女人，觉得那女人可怜，“看起来年纪也不小，还要早出晚归地为生活奔波”，哪里能像她这样，困了可以睡一会儿，无聊可以去逛街、美容。“女人活得那么辛苦，真是不幸。”她摇摇头叹息道。

单身女人每天早上6点起床，半个小时做运动，一个小时洗漱、化妆、吃早点。早点都是自己做，面包机里烤一片面包，热一杯牛奶，搭配果酱，只需要5分钟就可以搞定早餐。她的冰箱里摆放着各种各样的面包伴侣，口味丰富的果酱、馥郁香浓的花生酱、充满诱惑的可可酱、营养健康的鱼子酱。这些东西可以提醒她两件重要的事，一件是经济独立，只有经济独立，她才能扩大自己的选择范围，买到任何一样想要的东西；一件是单身并不难过，她可以过自己想要的生活，不需要顾及谁的感受，不需要听谁的意见。

7点半出门，8点半到公司，距离上班时间还有半个小时。这半个小时她用来浏览新闻，为案头的盆栽浇水，顺便煮一杯咖啡，享受忙碌一天开始前的悠闲。等到同事陆续到来，她便进入工作状态。中午和同事一起吃午饭，讨论八卦，笑得开怀。

下午5点半离开公司，6点半到家，喝一杯果汁代替晚餐，之后的时间，她随意支配，或者处理一些公事，或者看两集电视剧，或者跟朋友聚会聊天，或者翻一本书，这种对生活绝对的掌控感让她充实而幸福。有时她会想到每天早上遇到的全职太太，觉得她被困在烦琐的家务中，失去了自我价值，非常可悲。她想："全职太太，没有社会地位，只在巴掌大的家庭世界里活动，很快会被社会淘汰，也会逐渐跟丈夫失去共同语言，真不幸。"

两个女人都认为对方很不幸，于是每天早上碰面时，心里都默默替对方感到惋惜，真心祝福对方过上幸福的生活。

很多年之后，两个人终于有机会坐下来聊天。她们真诚地互相怜悯对方，坦诚觉得对方的生活太辛苦。然而说出之后她们才意识到，原来对方的不幸，只是她们一厢情愿的揣测而已。

生活是自己的城，只有住在里面的人才知道自己过得是否快乐。多年前，我从新闻里看到一些照片，上面是一些孩子在非常简陋的教室里读书，本能地涌出同情与怜悯。那时博客正在流行，我把这些照片搬到了博客里，写了一篇简短的文章，用来表达贫穷对于孩子的伤害。第二天，一位同学在我的博客下留了这样一段话：

"他们虽然穷，却不一定受到了伤害。我小时候也在这样的教室里读书，也是这样不富裕的条件，可我根本没意识到自己苦，每天还是很快乐，放学一样玩到天黑，笑声一点都没有因为穷而减少。他们的苦难，只是你觉得而已。而且很大程度上，是你们在提醒他们'你们好可怜''别的孩子都过得比你们好’，太不道德。”

当头棒喝，不过如此，所以我一直铭记到今天。不用自己的眼光去看待别人的喜怒哀乐，是时光教会我的另一个真理。同样的，也不活在别人的眼光里，我的喜怒哀乐，他们都不懂，也不必向不懂的人解释。还有，不要自以为是地去提醒别人“你过得真苦”，这是全天下最残忍的善良。

适合与不适合

找到思维的另一个角度，不适合就变成了适合。同样，换另一种眼光，坏事就会变成好事。适合与不适合，好事与坏事，全仗着你自己的选择。只要你看得清，就能扭转乾坤。

奥巴马当选美国总统后，带着妻子、女儿入住白宫，老家芝加哥海德公园的房子空了下来。他接受采访时说卸任之后，还是要回去住的，毕竟跟那里有很深的感情，而且还有亲戚住在附近。

比尔看着这段访谈，酝酿着一个成为百万富翁的计划。

比尔是奥巴马的邻居，两个家庭从前经常互相走动，奥巴马还去他家拍摄过竞选广告。他可以凭借这些优势让房子以高于市价的价格卖出去，这就是他成为百万富翁的计划。

为了让更多人知道这些优势，他特地创建了一个网站。他想，应该会有很多人来询问价格，他可以适当抬价，底价是 300 万美金。的确，很多人浏览网站，也有一些人来询问价格，然而始终没人表现出购买的意愿。

一天、一个月、几个月过去，他的房子依旧无人问津。他出于好奇，询问这里的房屋中介公司，也仔细翻查了网站的所有留言。最终他发现，人们之所以不买是因为不想活在监控之下。奥巴马一家人虽然住进了白宫，但这里依旧布满了特工，附近也都隐藏着摄像头，随时保证旧居和他亲戚的安全。等到奥巴马期满卸任，这里又会聚集大量的记者。无论如何，这里没有隐私可言，一言一行都受到约束。没人愿意过这样的日子。

就这样，比尔的房子一直没卖出去。直到一年多以后，终于出现一个买家。然而买家丹尼尔只出得起 140 万美元，而且是分 5 个月付清，首付 30 万美元。对于已经失望的比尔来说，这个价格虽然比预期要低许多，但已经远远超过了当年购买房子时的几万美元，是一个绝对划算的买卖。

比尔收了首付，留给丹尼尔自己的账号，之后带着家人搬到了乡下的农庄居住。从此他过上了梦寐以求的生活，不为经济所困扰，可以带着家人去度假，乡下的生活也更安稳宁静。他偶然也会想到丹尼尔，“别人都把这栋房子当成了‘监狱’，他为什么愿意购买？买来做什么？”

“不适合当住房，却适合当幼儿园。”这是丹尼尔经过反复调查、分析后得出的结果。这里有严密的监控和保护，犯罪概率远远小于其他街区，孩子的安全得到充分的保障。而且不需要大力宣传，毗邻奥巴马旧居本身就是具有号召力的广告。那些有钱、有地位、有名望的人非常乐意把孩子送到这里读书。除此之外，丹尼尔还定期邀请一些名人来为孩子讲课，其中不少是黑人明星，一方面他们以奥巴马为傲，一方面在这里讲课能增加曝光率，所以基本上不会拒绝。

幼儿园开放的第二个月，奥巴马以亲民的姿态回这里探访老邻居，也探访了幼儿园。这下幼儿园更加出名，不少富人争抢着把孩子送进来，哪怕是多出几倍的学费，而那些名人也趋之若鹜，表示可以无偿给孩子们讲课。还有一些广告商，他们愿意出高价在幼儿园的墙壁上做广告。丹尼尔趁此机会举办了一次幼儿园外墙的广告拍卖活动，但有个原则，像烟酒、零食这样的不健康广告不可以参加竞拍。这又一次让丹尼尔成为外界关注的焦点，他不仅是最会做生意的教育家，而且是个有节操的商人，家长对他更加放心。

适合做什么，不适合做什么，只是一个角度的差别。就像那些摄影师说的，角度决定了一部作品的成败，我们要做的不是找新鲜的事物，而是找到熟悉事物的不同角度。

我们用老套一些的说法，暂且将这个角度称作机遇。机遇并不是正正经经出现的，有的时候会伪装出一副不适合的坏样子。

法国从前有个画家叫吉麦，家境贫寒，连温饱问题都无法解决。有一天，他在院子里画画，身边是正在洗衣服的妻子。他画着画着，习惯性甩了甩画笔，上边的蓝色颜料都溅在了妻子洗好的白衬衫上。妻子抱怨一番，又重新洗这件衣服，可无论她怎么努力，衣服上的蓝色颜料都固执地留在上面。

无奈之下，妻子只好就这样把衣服搭起来。在一段时间的晾晒之后，衣服上的蓝色竟然看不出来，反而整件衣服比之前更加亮白。吉麦十分好奇，便又做了一次实验，将蓝色的颜料涂在白衬衫上。结果，这件白衬衫比从前还要亮眼。几次实验之后，吉麦终于找到了答案，原来蓝色可以让白色在人们眼中产生错觉，好像更加洁白。

吉麦迫不及待地将自己的发现制成一种可盈利的商品，名为“可以使衣服洁白的药”，其实就是淡蓝色颜料。他将这种药以及如何使用的说明书放到市场上，很快便吸引了众人的注意力。后来，这种“药”被称为漂白剂，吉麦因此而成了一个富豪。

跟吉麦类似，日本的腾庵也遇到一些坏事。腾庵是个酿酒作坊的老板，小本生意，赚的钱除了支付伙计的薪酬外，就只够糊口。从前日本的酒都十分浑浊，大家也习以为常。

有一次，腾庵的伙计因为对腾庵不满，而在酒缸里撒了把灰，然后离开了酒坊。腾庵看着酒缸里的灰，心想这酒被弄脏了，是卖不出去了，这下要亏损好多钱了。可奇迹也就在这个时候出现了，酒缸里原本浑浊的酒竟然在灰落入的片刻后，变得清澈起来。腾庵连忙请人来化验，这才知道原来灰可以沉淀酒里的杂质，只要将沉淀物过滤，那么酒就自然而然清澈起来。

从此之后，腾庵开始制造清澈的酒，并为其命名为“清酒”，从此财源滚滚，一发而不可收。

克拉伦斯是个做糖果买卖的人，巧克力、薄荷糖，人们能想到的，他都出售。这一年夏天，克拉伦斯发明了一种新的薄荷糖，造型又圆又扁。他认为这样的形状和厚度适合夏天，也更利于携带。于是他找了一个制药厂，把薄荷糖压制成圆扁形。可糟糕的是，制药厂的机器出了故障，导致薄荷糖压出来不是圆扁型，而是中间多了个圆形的小洞，看上去像个救生圈。

这一切似乎都被该死的机器搞砸了，克拉伦斯的心血要泡汤了。然而克拉伦斯却突发奇想，索性将错就错，给这种“故障糖”取了个新名字，叫“救生圈薄荷糖”，并在1912年夏季开始销售。

救生圈薄荷糖上市后，立即得到了人们的认可。薄荷糖本身清凉爽口，而且造型又像一个救生圈，舌头就像在清爽的游泳池或大海里畅游一般。很快，这种糖就热销海内外，至今都是个不朽的传奇。

同样的“故障”也在美国人查尔斯·古德伊尔身上发生过。

古德伊尔一直想在橡胶上做出点成绩，他想发明一种橡胶，既可以随意改变形状，而且有弹性。他经过无数次的实验都不成功，橡胶总是在遇热后变软，冷却后又变硬，一点也不配合。

有一天，古德伊尔依旧在做实验。可糟糕的是，他把一块橡胶和硫黄掉在火炉上，这两种物质燃烧后发出的气体足以让人窒息。古德伊尔急忙用小刀把这两种物质抠下来，放在了盘子里。一段时间后，橡胶冷却了，古德伊尔意外地发现，这块跟硫黄混合燃烧过的橡胶，竟然十分有弹性，很软且不黏。

从此，古德伊尔发现了这种橡胶、硫黄加热的方法，并以此创造出富有弹性的橡胶，为橡胶行业开启了一扇更为广阔的大门。

我们也同样如此，无论怎么努力都做不好这件事，不是太笨拙，而是不适合，或许在另一件事上，我们可以做得非常出色。所以在受挫的时候不要懊恼，你只是没有找到适合的角度而已。

芸娘说：世间反目，多由戏起

很多人分不清，什么是幽默，什么是侮辱。如果真的分不清，还是少说为妙。宁愿让自己看起来无趣，也不要让自己看起来愚蠢。

我本打算睡个长长的午觉，做个酣甜的美梦，以慰劳这一个月熬夜赶工的辛苦。然而当我刚刚调整好一个舒服的睡姿，电话响了，玛丽姐在那头气急败坏地说："我很生气。"然后挂了电话。浓浓的睡意让我有些怀疑，是不是已经开始做梦了。不是梦，玛丽姐又发了一个生气的表情。

"什么情况？"我问她。

她说："我很生气。"

"这我已经知道了，但是为什么？"

"同事开玩笑，说我的衣服是童装部买的。"她羞愤地说。

玛丽姐的确瘦小，虽然她经常拿这一点自嘲，但骨子里是希望自己再长高 5 厘米。我很生气，认为这位同事的言语早已过了玩笑的底线，变成了攻击与侮辱。

“你没还击吗？”

“当然还击。”

是的，玛丽姐有一个精明的头脑，一张犀利的嘴巴，只要她愿意，可以说到让人生无可恋。但她总是温暖的，表现出的幽默也是有涵养的，对待朋友体贴细腻，同时又有些大女子主义，所以我叫她玛丽姐，《无间道》里刘嘉玲的那个角色。

“我们大吵一架，以后也不会给彼此好脸色了。”玛丽姐余怒未消。然而顿一顿之后，她问我，“我是不是有点过分了，毕竟之前我和她关系挺好的。”

“开玩笑也该有个底线，没过线那是有趣，过线就是无礼。你对无礼的人生气，不算过分。”

我挂了玛丽姐的电话，想起有那么一个女孩子，自以为幽默，说一个身材矮小的男孩子：“你的鞋是童鞋吧！”女孩子是我，男孩子是我的同学。

男同学跟我不是一个专业，但上同样的公共课，一来二去，他和我们班的同学就熟悉了起来。有时我们常会开些玩笑，似乎是要比着谁更有趣，也比着谁的度量大，过分一点没关系，那会显得睿智；应对过火玩笑不能生气，否则显得小肚鸡肠。你看，就是这样不懂事的年轻时光，没教养而不自知。

那次上课之前，我们在阶梯教室扎堆聊天。男同学穿着新鞋走到我们近前，炫耀说这双鞋多贵，是我们这些穷学生一个月的生活费都不止。我笑着说：“你的鞋是童鞋吧！童鞋能有多贵！”周围的同学哄堂大笑，我也自鸣得意，觉得自己机智极了。男同学脸色骤变，眼睛就要射出怒火将我烧成灰烬，我见他这样，也心虚起来。一个再豁达的人，心里也有不能示人的黑暗，我早该意识到，身材就是他的那片黑暗。

他日你遇到我，必要狠狠教训我，让我减轻一些负罪感。因为那次之后，男同学再也没跟我们说过话。我几次想道歉，却碍于面子、时机、自负等各种情由不能出口。其他同学安慰我："他太小气。"

时光会带走许多愉快和不愉快的往事，但带不走心里留下的歉疚。他对于我们班来说，是个可有可无的外班同学，但在我的人生里，却是难掩的污点，证明着我是个愚蠢的人。"对于无礼的人，你应该生气。"我说的，其实是我自己，该对我生气。

沈复在《浮生六记》中记了这样一段往事：

他的妻子芸娘是个多礼之人，他为她披衣服、整理袖子，她一定不好意思地回一句："得罪。"他递给她香巾小扇，她一定起身来接。沈复是个性格率直，又不拘泥于礼数的人，芸娘这些举动在他看来是迂腐。有一天，他开玩笑地说："礼多的人都诡诈。"芸娘顿时面红耳赤，嗔怒道："恭敬有礼，怎么就是诡诈？"沈复说："恭敬在心，不在表面。"

芸娘说道："对至亲之人，怎么能只在心里恭敬，而行为上却狂妄放肆呢？"

沈复见芸娘真的生气，便笑着哄道："我是开玩笑而已。"

芸娘说了一句至理之言，"世间反目，多由戏起。"

玩笑，永远是跟身份、涵养结合在一起。当年英国启用了第一位女议员阿斯特，丘吉尔说议会里有女性会让他担心在洗澡时有人闯进去，阿斯特玩笑说："你还没有帅到担心这种事的地步。”这种玩笑，是智慧，是幽默。

人生在世，汲汲营营，利来利往，已经万分辛苦，就不要再用这些令人难堪的玩笑来互相折磨。

回头是爱，但是要快

你追着前面的人，看不到周围和身后，也有那么个人在看着你。他对你一往情深，愿意等你，就等你回头。但你不要自鸣得意，有恃无恐，没有谁的爱是在长久得不到回应时还能保持热忱的。爱有时会出现在身后，快停下，请回头。

短片里有一个男人，喜欢一个女同事。

男人这天来上班，穿着红色的毛背心，里面穿着粉色的衬衫，领带呆板地收在背心里，就跟复印机旁边的那个老同事一样。他推着装满文件的小车，逐个办公桌投放文件。这时另一个男同事出现，提醒他说，你喜欢的那个姑娘订婚了，你到底有没有跟她说过话？有没有要到她的电话？他想说“有”，但想起在电梯里要张口却迟迟不敢张口的尴尬，把“有”咽了下去。

男同事说：“你不能主动等着一个女孩子跟你搭讪，你要追女孩子，就要勇敢一些。”

他点点头，有些失落地继续发文件，就连一个可爱的戴眼镜的女同事跟他热情地打招呼都没听到。

下班路上，他一再告诉自己：“以后要勇敢一些，你可以改变现状。先脱掉这件傻冒的红色毛背心。”恰好一辆红色敞篷车从他身边路过，开车的是一位漂亮性感的金发女郎。他看得目瞪口呆，金发女郎礼貌地冲他挥挥手。

前边亮起了红灯，金发女郎的车就停在他的车前。他想起男同事说的话：“要勇敢一些。”于是他轻踩油门，撞到了金发女郎的车尾。就这样，两个人互相留了电话号码。从此，一段妙不可言的感情开始了。

他鼓起勇气给她打电话，先是修车，然后是约会。他们一起去游乐场，他用精湛的套圈技术赢了七八个大大小小的毛绒玩具，她简直崇拜他。之后他们牵手、接吻，然后是结婚，很快有了自己的房子，有了可爱的女儿。

女儿一天天长大，他和妻子一天天变老，他们一同经历生活上的跌宕起伏，幸福甜蜜。女儿长大结婚，又生了几个孩子，他的家庭越来越热闹，欢声笑语，满满是爱。这天是他的生日，女儿和孙儿们一起端来了蛋糕。他热泪盈眶，讲述着：“当年要不是我勇敢地撞上了你妈妈的车，就不会有今天。”

老去的妻子温柔地看着他，甜蜜地说：“你的脚现在还踩在刹车上。”

他一个激灵，这才从刚刚的美好幻想里回到现实。他坚信，如果这一撞，想象就能成真。他将脚挪在油门上，激动地一踩，车却熄火了。就这样，绿灯亮起，金发女郎开车绝尘而去，留他在原地不断打火。就在他愤怒抓狂的时候，后面一辆车撞到了他的车尾。当他焦躁地下车准备好好理论一番时，才发现撞他的是那个可爱的戴着眼镜的女同事。他似乎意识到些什么，与女同事会心一笑。

表现在荧幕上，回头是爱的结局总是好的，不可否认，现实生活里也有这样突然回头，看到“那人却在灯火阑珊处”的温暖结局。但我总是心有戚戚焉，担心你奔跑太快、太久，那个始终等你回头看一眼的人早已跟不上，停在不知什么地方，下定决心要忘记你了。

我们都知道元稹情深，妻子韦丛去世之后，他曾写下“曾经沧海难为水，除却巫山不是云。取次花丛懒回顾，半缘修道半缘君”的爱情绝句。却不知道在他身边，有个痴痴等他回头的女子，名叫薛涛。

薛涛的才华和名声在中唐丝毫不逊色于白居易和元稹，虽然是乐伎，却有出将入相的才能，现在看来应该是可以步入政坛的女官。

薛涛对元稹的才华早有神往，一直想找机会结识，直到公元 809 年，时年 31 岁的元稹以监察御使的身份出使东川，她才在旁人的引荐下见到了元稹。史料上没有记载这次会面是否是“金风玉露一相逢，便胜却人间无数”，只是说薛涛在元稹身边一待就是三个月。在此期间，元稹写了一首诗：

身骑骢马峨眉下，面带霜威卓氏前。虚度东川好时节，酒楼元被蜀儿眠。

他把薛涛比成了卓文君，可见在他心里，薛涛虽然出身乐伎，却是个值得另眼相看的人物。于是便有了他在东川最好的时节，令他无数次回眸这段时光时都感到温暖和愉快。

显然，他们在这三个月中是彼此爱慕的，并且成就了对方人生中最美好的记忆。

当年六月，元稹被召回京都。在东川工作的三个月，元稹做出了非常理想的成绩，受到当地百姓的拥戴。然而这样公正的官员总是会影响部分官员的利益，他们在唐宪宗面前说尽谗言，成功让唐宪宗动摇，一纸诏书召回了元稹。

薛涛知道，他们终将会分开，即便不是皇帝的诏书，她的身份也不太可能陪伴元稹一生。但分别真正到来的时刻，她还是忍不住“泣之沾襟”。历史上都说薛涛如男儿一样睿智沉稳，可以在政局中出谋划策，但面对爱情，她还是一个把自己置于卑微境地的普通女人。

元稹回到京都后不久便被贬到洛阳，期间韦丛去世。之后他又纳了妾室，但妾也早早离世。几年之后，元稹又被贬到江陵，孤身一人，带着年幼的儿女以及不得施展的抱负，愤恨、郁闷地活着。不知道他在这几年中是否曾经想起了薛涛，是否想过那个曾不顾一切留在他身边的红颜知己。薛涛却是无时无刻不在思念他，甚至听说他被贬到江陵后，收拾行囊顺着长江去江陵寻找他。

在交通不便的古代，长途旅行从来都是跨越季节的，有可能出发时是冬季，到达目的地已经是初春。薛涛这一路漫行，到达江陵与元稹会面时，元稹不久又要离开了。

距离他们初次相遇，已经是五年之后。五年前元稹意气风发，如今的元稹低迷消沉，是一个典型的失意的中年人。他们此次相见后发生了什么无从知晓，只能断定元稹应该是给了薛涛什么诺言，让她回成都去等待。

这是不是真爱，对于薛涛来说很笃定，她爱元稹，希望能常伴其左右。对于元稹来说却不一定，他很爱妻子，妻子死后对爱情有些心灰意懒，他对薛涛更多是欣赏与感激，也有些说不清道不明的复杂情愫，但这情终究不能让他下定决心跟薛涛在一起。

薛涛回到成都，日日夜夜等待元稹的消息，生活变得压抑，再也不如从前快乐。然而一天天过去，始终没有得到令她欣喜的消息，日子的光亮越来越弱，眼看就要变成黑洞。她感觉自己的爱情就这样被消磨了，痛苦的同时也有许多不甘。

终于有一天，大概是两三年后的一天，薛涛终于等到了元稹的消息：元稹再娶，新娘是世家之女裴淑，一个对他的政治前途大有裨益的女人。很难想象薛涛在经历了漫长等待后听到这样的消息是怎样的痛彻心扉，似乎她的岁月就是用来虚耗的，不值得被尊重，亦不值得被怜惜。

这时要多谢时间，如果不是它的无情流逝，也不会带走曾经深刻的伤痛。又过了一两年，曾经炽热的爱趋于冷静，它变成一位老友，偶然想起，可能还隐隐作痛，却也不似当年那样难以忍受。

公元821年，元稹终于得偿所愿，受到了皇帝的器重，成为中书舍人，立刻成为政坛上的焦点。大概是一切都遂了心意，这才回头想起了有那么个女人，大概还在痴痴等着他。于是他提笔写了一首诗，寄给了薛涛：

锦江滑腻峨眉秀，幻出文君及薛涛。

言语巧偷鹦鹉舌，文章分得凤凰毛。

纷纷词客皆停笔，个个君侯欲梦刀。
别后相思隔烟水，菖蒲花发五云高。

自从分别之后，相思之情被千山万水阻碍，这么多年过去，你家门前的菖蒲是不是已经长高了许多。

薛涛生在风月场，见惯了人情冷漠和悲欢离合，虽然也曾为情所苦，却没有像其他女子那样多生哀怨。她在接到这首诗后，回想起过去这多年来的苦等与期盼，失望与灰心，发现元稹不过是个普通男子，一样对政治疯狂，一样在情事上风流，再也不那么迷人了，于是她淡淡地回了一首：

诗篇调态人皆有，细腻风光我独知。
月下吟花怜暗淡，雨朝题柳为欹垂。
长教碧玉藏深处，总向红笺写自随。
老大不能收拾得，与君开似好男儿。

薛涛只是自嘲了一番，说自己有与众不同的细腻风光，都写在这些诗歌里了，如今年岁已大，懒于整理这些诗歌，就寄给你，你帮我提升一下，给那些有造诣的诗人看看，看他们能否领会我的这番独特风光。满纸透出一种：“我有独一无二的情怀，也是别致的女人，只是你看不懂罢了”的心酸与释怀。

元稹热烈的相思，碰到了已经冷却的薛涛之爱，就成了天涯陌路，各自珍重的结局。薛涛再也没有找过元稹，也再没有跟他有过任何书信来往。此时元稹才明白，等到他肯回头时，那人早已不在灯火阑珊处。